KB065356

# 단끝

전기기사 · 전기산업기사 기초

# 초보전기 II

왕초보자를 위한 기초이론

정용걸 편저

입문서

단숨에 끝내는 **기초이론**

무료 동영상 강의 QR코드 수록

전기분야 최다 조회수 **100**만 뷰

저자직강 30강

박문각

# PREFACE
## 이 책의 머리말

전기는 오늘날 모든 분야에서 경제 발달의 원동력이 되고 있습니다. 특히 컴퓨터와 반도체 기술 등의 발전과 동시에 전기를 이용하는 기술이 진보함에 따라 정보화 사회, 고도산업 사회가 진전될수록 전기는 인류문화를 창조해 나가는 주역으로 그 중요성을 더해 가고 있습니다.

뿐만 아니라 전기는 우리의 일상생활에 있어서도 쓰이지 않는 곳을 찾아보기 힘들 정도로 생활과 밀접한 관계가 있고, 국민의 생명과 재산을 보호하는 데에도 보이지 않는 곳에서 큰 역할을 하고 있습니다. 한마디로 현대사회에 있어 전기는 우리의 생활에서 의·식·주와 같은 필수적인 존재가 되었고, 앞으로 그 쓰임새는 더욱 많아질 것이 확실합니다.

이러한 시대의 흐름과 더불어 전기분야에 대한 관심은 매우 높아졌지만, 쉽게 입문하는 것에 대한 두려움이 함께 존재하는 것도 사실입니다. 이는 초보자에게는 전기가 이해하기 쉽지 않은 난해한 학문이라는 사실 때문입니다.

이 책은 전기 분야에 처음 입문하려는 초보자들을 고려하여, 전기기사·전기산업기사 시험과목 중 제일 어려운 과목의 기초인 '초보이론'으로 유튜브채널 "전기왕정원장"의 '초보전기Ⅱ : 초보이론' 무료 강의와 2012년~2016년 전기이론 과년도 문제풀이 동영상이 홈페이지에 있으므로 필요하신 분은 시청하시기 바랍니다.

'초보전기Ⅱ : 초보이론'을 보시면 쉽고 빠르게 전기에 대한 지식을 쌓고 자격증 취득에 도전할 수 있도록 구성하였습니다.

아무쪼록 이 책을 통하여 수험생들이 전기기능사 합격의 기쁨을 누릴 수 있기를 바라며, 전기계열의 종사자로써 이 사회의 훌륭한 전기인이 되기를 기원합니다.

저자 정용걸

---

### 동영상 교육사이트

무지개평생교육원 http://www.mukoom.com
유튜브채널 '전기왕정원장'

---

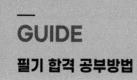

# GUIDE
## 필기 합격 공부방법

---

**01** | **전기(산업)기사 필기 합격 공부방법**

**1** 초보전기 무료강의

전기(산업)기사의 기초가 부족한 수험생이 필수로 숙지를 하셔야 중도에 포기하지 않고 전기(산업)기사 취득이 가능합니다.
초보전기에는 전기(산업)기사의 기초인 기초수학, 기초용어, 기초회로, 기초자기학, 공학용 계산기 활용법 동영상이 있습니다.

**2** 초보전기 숙지 후에 회로이론을 공부하시면 좋습니다.

회로이론에서 배우는 R, L, C가 전기자기학, 전기기기, 전력공학 공부에 큰 도움이 됩니다.
회로이론 20문항 중 12문항 득점을 목표로 공부하시면 좋습니다.

**3** 회로이론 다음으로 전기자기학 공부를 하시면 좋습니다.

전기(산업)기사 시험 과목 중 과락으로 실패를 하는 경우가 많습니다.
전기자기학은 20문항 중 10문항 득점을 목표로 하시면 좋습니다.

**4** 전기자기학 다음으로는 전기기기를 공부하면 좋습니다.

전기기기는 20문항 중 12문항 득점을 목표로 하시면 좋습니다.

**5** 전기기기 다음으로 전력공학을 공부하시면 좋습니다.

전력공학은 20문항 중 16문항 득점으로 공부를 하시면 좋습니다.

**6** 전력공학 다음으로 전기설비 과목을 공부하시면 좋습니다.

전기설비 과목은 전기(산업)기사 필기시험 과목 중 제일 점수를 득점하기 좋은 과목으로 20문항 중 18문항 득점을 목표로 공부하시면 좋습니다.

---

**초보전기 II 무료동영상 시청방법**

유튜브 '전기왕정원장' 검색 → 재생목록 → 초보전기 II :
전기기사 · 전기산업기사의 기초를 클릭하셔서 시청하시기 바랍니다.

---

# GUIDE
## 필기 합격 공부방법

**02** 확실한 합격을 위한 출발선

**1** 전기기사 · 전기산업기사 기초

| 핵심이론 | 출제예상문제 | 강의노트 |
|---|---|---|
|  |  | |
| 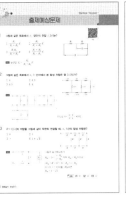 |  | |

수험생들이 회로이론, 전기자기학, 전력공학 등의 과목 때문에 힘들어하는 모습을 보면서 전기기사 · 전기산업기사 자격증을 취득하는 데 도움을 주기 위해 출간된 도서입니다. 회로이론, 전기자기학, 전력공학 등 어려운 과목들에서 수험생들이 힘들어 하는 내용을 압축하여 단계적으로 학습할 수 있도록 구성하였습니다.

핵심이론과 출제예상문제를 통해 학습하고, 강의를 수강하면서 강의노트를 100% 활용한다면, 기초를 보다 쉽게 정복할 수 있을 것입니다.

**2** 강의 이용 방법

> ☑ QR코드 리더 모바일 앱 설치 → 설치한 앱을 열고 모바일로 QR코드 스캔 → 클립보드 복사 → 링크 열기 → 동영상강의 시청

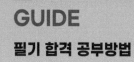

# GUIDE
## 필기 합격 공부방법

무지개꿈원격평생교육원에서만 누릴 수 있는 무료강좌 서비스 보는 방법

**1** 인터넷 브라우저 주소창에서 [www.mukoom.com]을 입력하여 [무지개꿈원격평생교육원]에 접속합니다.

**2** [회원가입]을 클릭하여 [무꿈 회원]으로 가입합니다.

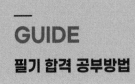

**3** [무료강의]를 클릭하면 [무료강의] 창이 뜹니다. [무료강의] 창에서 수강하고 싶은 무료 강좌 및 기출문제 풀이 무료 동영상강의를 수강합니다.

# CONTENTS
이 책의 **차례**

## 초보전기 II

**Chapter 01** 전기기초 ···································· 10
✔ 출제예상문제 ········································· 14

**Chapter 02** 용어 ······································ 18
✔ 출제예상문제 ········································· 22

**Chapter 03** 교류 기초 정리 ···························· 28
✔ 출제예상문제 ········································· 30

**Chapter 04** 저항 ······································ 34
✔ 출제예상문제 ········································· 40

**Chapter 05** 인덕턴스 ·································· 46
✔ 출제예상문제 ········································· 52

**Chapter 06** 정전용량 ·································· 62
✔ 출제예상문제 ········································· 68

**Chapter 07** 복소수 계산 ······························ 78
✔ 출제예상문제 ········································· 86

**Chapter 08** 전력 ······································ 92
✔ 출제예상문제 ········································· 96

# CONTENTS
이 책의 **차례**

**Chapter 09** 벡터해석 ···································· 102

✔ 출제예상문제 ······································· 108

**Chapter 10** 진공중의 정전계와 정자계 ··················· 112

✔ 출제예상문제 ······································· 120

**Chapter 11** 유전체와 자성체 ·························· 128

✔ 출제예상문제 ······································· 136

**Chapter 12** 단위 및 용어 ··························· 146

**Chapter 13** 전기공학, 수학 ························· 156

**Chapter 14** 공학용 계산기 활용법
전자계산기(카시오 fx-570ES PLUS) ··········· 183

✔ 출제예상문제 ······································· 184

# II

# 초보전기

- ✡ 전기기사 기초
- ✡ 전기산업기사 기초

▲1강

QR코드로 강의재생이 원활하지 않을 경우 박문각
홈페이지(pmg.co.kr)에서 강의를 들을 수 있습니다.

▲ 2강

## (1) 옴의 법칙

전류의 세기는 두 점 사이의 전위차(전압)에 비례하고
전기저항에 반비례하는 법칙

### ① 전류

$$I = \frac{V}{R} [\mathrm{A}] \qquad V = I \cdot R$$

$$R = \frac{V}{I}$$

$+ = -$

$- = +$

$\times = \div$

$\div = \times$

$V$ [V] : 전압(전원의 세기 : 전기의 압력)

$I$ [A] : 전류(전기의 흐름)

$R = \rho \dfrac{l}{A} [\Omega]$ ($A$ : 권선단면적, $l$ : 권선길이) : 저항(전류를 방해하는 힘)

| 수관(매관) : 물의 흐름 = 수류 | 전선 : 전기(전하)의 흐름 = 전류 |
|---|---|
|  |  |
| 배관의 굵기가 가늘면 수류의 저항이 크다. | 전선의 굵기가 가늘면 전기 저항이 크다. |

배관의 굵기가 크면 수류의 저항이 작다. 전선의 굵기가 크면 전기 저항이 작다.

### ② 전압(수압)

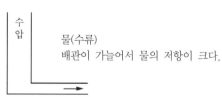

수압 물(수류)
배관이 가늘어서 물의 저항이 크다.

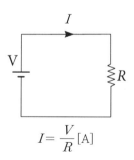

$$I = \frac{V}{R} [\mathrm{A}]$$

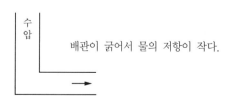

수압 배관이 굵어서 물의 저항이 작다.

## (2) 전압원의 직렬연결과 병렬연결

① 직렬연결(세로로 쌓음)

② 병렬연결(가로로 쌓음)

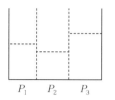 

수압 : $P = P_1 + P_2 + P_3$　전압 : $V = V_1 + V_2 + V_3$　　수압 : $P = P_1 = P_2 = P_3$　전압 : $V = V_1 = V_2 = V_3$

## (3) 저항의 직렬 · 병렬연결(전류는 저항이 약한(작은) 곳으로 많이 흐른다.)

① 배관의 직렬연결 : 수류일정

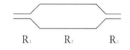

① 저항의 직렬연결 : 전류일정

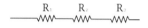

② 배관의 병렬연결

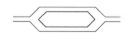

배관의 병렬연결에서
물(수류)이 나누어 흐른다.

② 저항의 병렬연결

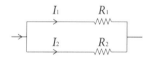

저항의 병렬연결에서 전류는
나누어 흐른다.

## (4) 총정리

① 저항의 직렬연결(전류일정, 전압분배)

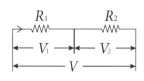

$$R = R_1 + R_2$$

$$\left( I = \frac{V}{R} = \frac{V}{R_1 + R_2}\,(A) \right)$$

$$V_1 = \frac{R_1}{R_1 + R_2} \times V$$

$$V_2 = \frac{R_2}{R_1 + R_2} \times V$$

② 저항의 병렬연결(전압일정, 전류분배)

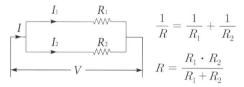

$$\frac{1}{R} = \frac{1}{R_1} + \frac{1}{R_2}$$

$$R = \frac{R_1 \cdot R_2}{R_1 + R_2}$$

$$\left( V = R \cdot I = \frac{R_1 \cdot R_2}{R_1 + R_2} \cdot I\,(V) \right)$$

$$I_1 = \frac{R_2}{R_1 + R_2} \times I$$

$$I_2 = \frac{R_1}{R_1 + R_2} \times I$$

. . . .
NOTE

▲3강

**01** 저항 $R_1[\Omega]$과 $R_2[\Omega]$을 직렬로 연결하고 $V[V]$의 전압을 가할 때 저항 $R_1$ 양단의 전압은?

① $\dfrac{R_1}{R_1+R_2}V$  ② $\dfrac{R_1 R_2}{R_1+R_2}V$

③ $\dfrac{R_2}{R_1+R_2}V$  ④ $\dfrac{R_1+R_2}{R_1 R_2}V$

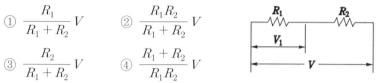

**해설** • $I = \dfrac{V}{R_T} = \dfrac{V}{R_1+R_2}[V]$   • $V_1 = IR_1 = \dfrac{R_1}{R_1+R_2}V[V]$

**02** 8[Ω], 6[Ω], 11[Ω]의 저항 3개가 직렬로 접속된 회로에 4[A]의 전류가 흐르면 가해준 전압은 몇 [V]인가?

① 60  ② 80  ③ 100  ④ 120

**해설** 합성저항 $R_0 = 8+6+11 = 25[\Omega]$
$V = IR_0 = 4 \times 25 = 100[V]$

**03** 120[Ω]의 저항 4개를 접속하여 얻을 수 있는 가장 작은 값은?

① 30[Ω]  ② 50[Ω]  ③ 12[Ω]  ④ 420[Ω]

**해설** ① 모두 직렬 접속 시 가장 큰 저항값을 얻는다.
$R_0 = NR = 4 \times 120 = 480[\Omega]$
② 모두 병렬 접속 시 가장 작은 저항값을 얻는다.
$R_0 = \dfrac{R}{N} = \dfrac{120}{4} = 30[\Omega]$

**04** 그림과 같은 회로에서 4[Ω]에 흐르는 전류 [A]는?

① 0.8[A]  ② 1.0[A]
③ 1.2[A]  ④ 2.0[A]

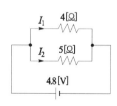

**해설** 병렬 연결에서 전압 일정 $I = \dfrac{V}{R}$에서 4[A]에 흐르는 전류 $I_1 = \dfrac{4.8}{4} = 1.2[A]$

 **정답** 01 ①  02 ③  03 ①  04 ③

**05** 그림의 회로에서 $I_1$[A]은?

① 4　　　　　　② 3
③ 2　　　　　　④ 1

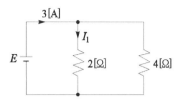

**해설** $I_1 = \dfrac{R_2}{R_1+R_2} \times I = \dfrac{4}{2+4} \times 3 = 2[\text{A}]$

**06** 그림에서 전류 $I_1$[A]는?

① $I + I_2$　　　　　② $\dfrac{R_2}{R_1+R_2} I$

③ $\dfrac{R_1}{R_1+R_2} I$　　　④ $\dfrac{R_1+R_2}{R_2} I$

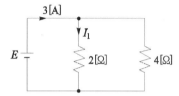

**해설** $I_1 = \dfrac{R_2}{R_1+R_2} \cdot I[\text{A}]$

$I_2 = \dfrac{R_1}{R_1+R_2} \cdot I[\text{A}]$

병렬회로의 전류 분배는 각 저항에 반비례한다.

**07** 10[Ω]과 15[Ω]의 병렬회로에서 10[Ω]에 흐르는 전류가 3[A]이라면 전체 전류[A]는?

① 2　　　　　　② 3　　　　　　③ 4　　　　　　④ 5

**해설** 저항 10[Ω]에 흐르는 전압 $V_{10} = IR = 3 \times 10 = 30[\text{V}]$
병렬회로이므로 저항 15[Ω]에도 30[V]가 인가된다.

$I_{15} = \dfrac{V}{R} = \dfrac{30}{15} = 2[\text{A}]$

$\therefore I_0 = I_{10} + I_{15} = 3 + 2 = 5[\text{A}]$ [답] ④

**[별해]**

$I_1 = \dfrac{R_2}{R_1+R_2} \times I$에서 $I = \dfrac{R_1+R_2}{R_2} \times I_1 = \dfrac{10+15}{15} \times 3 = 5[\text{A}]$

**정답** 05 ③　06 ②　07 ④

# 02 용어

▲ 4강

## (1) 전기도체(electic conductor)

전기도체는 자유전자가 많아서 아주 작은 외부 전압으로도
전류의 흐름이 용이한 물질을 말한다.

## (2) 반도체(semiconductor)

반도체는 $Ge, Si, Se$ 등과 같은 물질로써 전기도체에 비해 비교적 자유전자 수가 적으므로
전류를 흘리는 능력이 떨어지는 물체를 말한다.

## (3) 부도체(insulator)

부도체는 자유전자의 수가 매우 적어 거의 전류가 흐르지 않는 물질로서 일명 절연체(insulator)
라고도 하며 주로 고무, 플라스틱, 유리 등의 재료로서 전기절연을 목적으로 사용된다.

## (4) 전하량(전기량) : $Q = ne = It = CV$[C]

① 전하량 : 전하가 갖는 전기의 총량
② 전자가 갖는 총 전하량 $Q = ne = $ 전자의개수 $\times - 1.602 \times 10^{-19}$[C]

## (5) 전류(Current) : $I = \dfrac{V}{R} = \dfrac{Q}{t}$[A] (혹은 [C/sec])

① 전류 : 단위 시간 동안에 도체 회로의 한 단면을 통과하는 전하량
② 도체의 어느 단면을 $Q$[C]의 전하가 $t$초 동안에 이동되었다면 전류 $I$는 다음 식으로 나타낸다.

$$I = \dfrac{Q}{t}\text{[C/s]}$$

③ 이동하는 전하량이 시간에 따라 변화한다면 전류도 시간에 따라 변화하므로 $dt$[s]시간 동
안에 전하량이 $dq$[C]만큼 변화되었다면 전류 $i(t)$는 $i(t) = \dfrac{dq(t)}{dt}$[A]

## (6) 전압(voltage) : $V$[V]

① 전압 : 두 점간의 전위 차
② $V = \dfrac{W[J]}{Q[C]}$[V] 또는 $W = QV$[J]

즉, 1[$C$]의 전하를 한 곳에서 다른 곳으로 이동시키는데 1[J]의 에너지가 소모되었다면 두
점간의 전압(전위차)는 1[V]가 된다.

## (7) 전력 : P[W]

① 전력 : 일을 하기 위해 사용된 에너지를 전기적으로 표현한 것으로서 단위시간 동안에 사용된 전기에너지의 양으로 정의한다.

② 도선에 흐르는 전류가 $t[s]$ 동안에 $W[J]$의 일을 행하였다면 전력 $P[W]$는 다음 식으로 표현된다.

$$P = VI = I^2R = \frac{V^2}{R}[\text{W}]$$

## (8) 전력량 : W[J]

전력량 : 전력을 일정시간 사용하였을 때의 총 사용 에너지(energy)

$$W = P \cdot t = VI \cdot t = I^2Rt = \frac{V^2}{R}t[\text{J}]$$

## (9) 열량 : H[cal]

전력에 의한 에너지를 열량으로 환산하면 다음과 같다.

$$H = 0.24W = 0.24Pt$$
$$= 0.24VIt$$
$$= 0.24I^2Rt$$
$$= 0.24\frac{V^2}{R}t[cal] \quad (1[cal]=4.2[J])$$

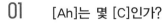

▲ 5강

## 01 [Ah]는 몇 [C]인가?

① 60　　　　　　　　② 120

③ 3600　　　　　　　④ 7200

해설 $Q = I \cdot t[\text{A} \cdot \sec] = [\text{C}]$

　　$Q = 1[\text{A}] \times 3600[\sec] = 3600[\text{C}]$

## 02 어떤 도체를 $t$초 동안에 $Q$[C]의 전기량이 이동하면 이때 흐르는 전류 $I$는?

① $I = Q \cdot t$　　　② $I = \dfrac{1}{Qt}$　　　③ $I = \dfrac{t}{Q}$　　　④ $I = \dfrac{Q}{t}$

해설 $Q = I \cdot t$에서 $I = \dfrac{Q}{t}[\text{c/s}] = [\text{A}]$

## 03 어떤 도체의 단면을 30분 동안에 5400[C]의 전기량의 이동했다고 하면 전류의 크기는 몇 [A]인가?

① 1　　　　　　　　② 2　　　　　　　　③ 3　　　　　　　　④ 4

해설 $I = \dfrac{Q}{t} = \dfrac{5400}{30 \times 60} = 3[\text{A}]$

## 04 50[V]를 가하여 30[C]을 3초 걸려서 이동시켰다. 이 때의 전력은?

① 1.5[kW]　　　　　　　② 1[kW]

③ 0.5[kW]　　　　　　　④ 0.498[kW]

해설 전력 $P = VI = V \times \dfrac{Q}{t} = 50 \times \dfrac{30}{3} = 500[\text{W}] = 0.5[\text{kw}]$

## 05 10[kΩ] 저항의 허용 전력은 10[kW]라 한다. 이 때의 허용 전류는 몇 [A]인가?

① 100　　　　　　② 10　　　　　　③ 1　　　　　　④ 0.1

해설 $P = I^2 R[\text{W}]$　　　$\therefore I = \sqrt{\dfrac{P}{R}} = \sqrt{\dfrac{10 \times 10^3}{10 \times 10^3}} = 1[\text{A}]$

정답 ┃ 01 ③　02 ④　03 ③　04 ③　05 ③

**06** 20[A]의 전류를 흘렸을 때의 전력이 60[W]인 저항이 30[A]를 흘렸을 때의 전력[W]은 얼마인가?

① 80[W]　　　　② 90[W]　　　　③ 120[W]　　　　④ 135[W]

해설　$P = I^2 R$[W]에서, 저항 $R = \dfrac{P}{I^2} = \dfrac{60}{20^2} = 0.15[\Omega]$

　　　0.15[Ω]의 저항에 30[A]의 전류를 흘리면 전력은 $P = I^2 R = 30^2 \times 0.15 = 135$[W]

**07** 1[W]와 같은 것은?

① 1[J]　　　　② 1[J/sec]　　　　③ 1[cal]　　　　④ 1[cal/sec]

해설　1[W] = 1[J/sec]

**08** 1[J]과 같은 것은 다음 중 어느 것인가?

① 1[cal]　　　　② 1[W · sec]　　　　③ 1[kg · m]　　　　④ 1[N · m]

해설　• 전력의 단위는 [J/s] 또는 [W], 전력량의 단위는 [W] × 시간[s]
　　　• [J/s] × [s] = [J] 또는 [W] × [s] = [W · s]
　　　∴ 1[J] = 1[W · s]

**09** 1[J]은 몇 [cal]인가?

① 860　　　　② 0.00024　　　　③ 4.18605　　　　④ 0.24

해설　1[cal] = 4.186[J], 1[J] = 0.24[cal], 1[kWh] = 860[kcal]

**10** 줄(Joule)의 법칙에서 발열량 계산식을 옳게 표시한 것은 어느 것인가?
(단, $I$ : 전류[A], $R$ : 저항[Ω], $t$ : 시간[sec]이다.)

① $H = 0.24 I^2 R$　　　　　　　② $H = 0.024 I^2 R t$
③ $H = 0.024 I^2 R^2$　　　　　　④ $H = 0.24 I^2 R t$

해설　$H = 0.24 I^2 R t$[cal]

. . . .
NOTE

**11** 100[V]의 전압에서 5[A]의 전류가 흐르는 전기 다리미를 1시간 사용했을 때 발생되는 열량[kcal]은?

① 약 260  ② 약 430

③ 약 860  ④ 약 940

해설 $H = 0.24I^2Rt = 0.24VIt = 0.24 \times 100 \times 5 \times 3600 \times 10^{-3} = 432[\text{kcal}]$

**12** 어떤 저항에 100[V]의 전압을 가하였더니 3[A]의 전류가 흐르고 360[cal]의 열량이 생겼다. 전류가 흐른 시간은 몇 초인가?

① 5초  ② 10초

③ 6.5초  ④ 13초

해설 $H = 0.24Pt = 0.24VIt[\text{cal}]$

$\therefore t = \dfrac{H}{0.24VI} = \dfrac{360}{0.24 \times 100 \times 3} = 5[\text{sec}]$

# 03 교류 기초 정리

CHAPTER

- $R$ 만의 회로

$$Z = R = R \angle 0°[\Omega]$$

$$Y = \frac{1}{Z} = \frac{1}{R}[\mho] \quad (G : 컨덕턴스)$$

$$v = i \cdot R \ (V = I \cdot R)[V]$$

$$i = \frac{v}{R}(I = \frac{V}{R})[A]$$

$$W = P \cdot t = VIt = I^2Rt = \frac{V^2}{R}t[J]$$

전압과 전류가 동상

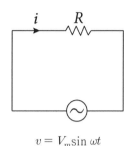

$v = V_m \sin \omega t$

- $L$ 만의 회로

$$Z = j\omega L = \omega L \angle 90°[\Omega] \quad (X_L[\Omega] : 유도성 \ 리액턴스)$$

$$Y = \frac{1}{Z} = \frac{1}{j\omega L} = -j\frac{1}{wL} = -jB[\mho] \quad (B : 유도 \ 서셉턴스)$$

$$v = L\frac{di}{dt}[V] \qquad i = \frac{1}{L}\int v dt[V]$$

자기 축적에너지 $\quad W = \frac{1}{2}LI^2[J]$

전류는 전압보다 위상이 90° 뒤진다.

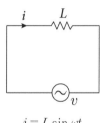

$i = I_m \sin \omega t$

- $C$ 만의 회로

$$Z = \frac{1}{j\omega C} = -j\frac{1}{\omega C} = \frac{1}{\omega C} \angle -90°[\Omega] \quad (X_C[\Omega] : 용량성 \ 리액턴스)$$

$$Y = \frac{1}{Z} = jwC = jB[\mho] \quad (B : 용량 \ 서셉턴스)$$

$$v = \frac{1}{C}\int i dt[V] \qquad i = C\frac{dv}{dt}[A]$$

정전에너지 축적 : $W = \frac{1}{2}CV^2[J]$

전류는 전압보다 위상이 90° 앞선다.

(각주파수 : $\omega = 2\pi f$)

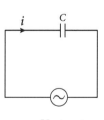

$v = V_m \sin \omega t$

▲7강

01 50 [Hz]의 각속도 [rad/sec]는?

① 577　　　　　② 314

③ 277　　　　　④ 155

**해설** 각속도 $\omega = 2\pi f[\text{rad/sec}]$

$\omega = 2\pi \times 50 = 100\pi = 314[\text{rad/sec}]$ $(\because \pi = 3.14)$

02 $e = 100\sin\left(377t - \dfrac{\pi}{6}\right)$[V]인 파형의 주파수는 몇 [Hz]인가?

① 50　　　　　② 60　　　　　③ 90　　　　　④ 100

**해설** 각속도 $\omega = 2\pi f[\text{rad/sec}]$　$\omega = 377$

$f = \dfrac{\omega}{2\pi} = \dfrac{377}{2\pi} = 60[\text{Hz}]$가 된다.

03 용량 리액턴스와 반비례하는 것은?

① 주파수　　　　② 저항　　　　③ 임피던스　　　　④ 전압

**해설** 용량 리액턴스 $X_c = \dfrac{1}{\omega C} = \dfrac{1}{2\pi f C}[\Omega]$. 즉, 용량 리액턴스와 주파수는 반비례한다.

04 주파수 1 [MHz], 리액턴스 150 [Ω]인 회로의 인덕턴스 몇 [$\mu$H]인가?

① 24　　　　　② 20　　　　　③ 10　　　　　④ 5

**해설** $X_L = \omega L = 2\pi f L$

$L = \dfrac{X_L}{2\pi f} = \dfrac{150}{2\pi \times 1 \times 10^6} \fallingdotseq 23.87 \times 10^{-6}[\text{H}] \fallingdotseq 23.87[\mu\text{H}]$

05 콘덴서의 정전 용량이 10[$\mu$F]의 60[Hz]에 대한 용량 리액턴스[Ω]는?

① 164　　　　　② 209　　　　　③ 265　　　　　④ 377

**해설** 용량성 리액턴스 $X_c = \dfrac{1}{\omega C} = \dfrac{1}{2\pi f C} = \dfrac{1}{2 \times \pi \times 60 \times 10 \times 10^{-6}} = 265[\Omega]$

**정답** 01 ②　02 ②　03 ①　04 ①　05 ③

. . . .
NOTE

**06** 100[mH]의 인덕턴스를 가진 회로에 50[Hz], 1000[V]의 교류 전압을 인가할 때 흐르는 전류[A]는?

① 0.00318      ② 0.0318      ③ 0.318      ④ 31.8

**해설** $X_L = 2\pi f L[\Omega]$

$$I = \frac{V}{Z} = \frac{V}{X_L} = \frac{V}{2\pi f L} = \frac{1000}{2 \times 3.14 \times 50 \times 0.1} = 31.8[A] 가 \ 된다.$$

**07** 어떤 코일에 60[Hz]의 교류 전압을 가하니 리액턴스가 628[Ω]이었다. 이 코일의 자체 인덕턴스[H]는?

① 1      ② 2.0      ③ 1.7      ④ 2.5

**해설** 유도 리액턴스 $X_L = 2\pi f L$

인덕턴스 $L = \dfrac{X_L}{2\pi f} = \dfrac{628}{2\pi \times 60} = 1.7[H]$

**08** 백열전구를 점등했을 경우 전압과 전류의 위상관계는?

① 전류가 90° 앞선다.      ② 전류가 90° 뒤진다.
③ 전류가 45° 앞선다.      ④ 위상이 같다.

**해설** 백열전구의 경우 저항만 존재하므로 전압과 전류의 위상차가 없다.

**09** $L$만의 회로에서 전압, 전류의 위상 관계는?

① 전류가 전압보다 90° 앞선다.      ② 동상이다.
③ 전압이 전류보다 90° 뒤진다.      ④ 전압이 전류보다 90° 앞선다.

**해설** $L$만의 회로에서는 전압이 전류보다 90° 앞선다.

**10** $C$만의 회로에서 전압, 전류의 위상 관계는?

① 동상이다.      ② 전압이 전류보다 90° 앞선다.
③ 전압이 전류보다 90° 뒤진다.      ④ 전류가 전압보다 90° 뒤진다.

**해설** $C$만의 회로에서는 전류가 전압보다 90° 앞선다.

**정답**   **06** ④   **07** ③   **08** ④   **09** ④   **10** ③

. . . .
NOTE

# 04 저항

**CHAPTER**

▲ 8강

✦ 저항 : 전류의 흐름을 방해하는 전기적인 양을 말한다.
  $MKS$ 단위로는 오옴($Ohm$ 기호($\Omega$ ))을 사용한다.

$$R = \frac{V}{I}[\Omega], \qquad G = \frac{1}{R}[\mho][\text{S}]$$

## (1) 옴의 법칙(Ohm's law)

전류는 전압에 비례하고 저항에 반비례한다는 것이 옴의 법칙으로서, 전압($V$), 전류($I$), 저항($R$)의 관계는 다음 식으로 된다.

$$I = \frac{V}{R}[\text{A}]$$

## (2) 저항의 접속

① 저항의 직렬연결(전류일정, 전압분배)

저항의 직렬연결은 저항의 합으로 나타내어진다.

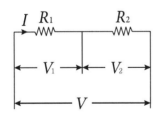

회로의 합성저항    • $R_0 = R_1 + R_2$

회로에 흐르는 전류     • $I = \dfrac{V}{R} = \dfrac{1}{R_1 + R_2} \cdot V[\text{A}]$

직렬회로의 전압분배     $V_1 = R_1 \cdot I = \dfrac{R_1}{R_1 + R_2} V[\text{V}]$

$$V_2 = R_2 \cdot I = \dfrac{R_2}{R_1 + R_2} V[\text{V}]$$

. . . .
NOTE

② **저항의 병렬연결**(전압일정, 전류분배)

저항의 병렬연결은 병렬합 (곱/합)으로 나타내진다.

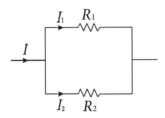

회로의 합성저항    • $R_0 = \dfrac{R_1 \cdot R_2}{R_1 + R_2}$

회로의 전체전압    • $V = I \cdot R_0 = \dfrac{R_1 \cdot R_2}{R_1 + R_2} I$ [V]

각 저항에 흐르는 전류    $I_1 = \dfrac{V}{R_1} = \dfrac{1}{R_1} \cdot \dfrac{R_1 \cdot R_2}{R_1 + R_2} I = \dfrac{R_2}{R_1 + R_2} I$ [A]

$I_2 = \dfrac{V}{R_2} = \dfrac{1}{R_2} \cdot \dfrac{R_1 \cdot R_2}{R_1 + R_2} I = \dfrac{R_1}{R_1 + R_2} I$ [A]

. . . .
NOTE

## (3) 콘덕턴스의 접속 (G=1/R)

### ① 콘덕턴스의 직렬연결

콘덕턴스는 저항과 반비례관계이기 때문에 저항의 병렬연결과 같이 나타내진다.

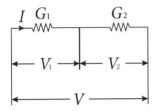

회로의 합성 콘덕턴스 $G_0 = \dfrac{G_1 \cdot G_2}{G_1 + G_2}$

각 콘덕턴스에 걸리는 전압

$$V_1 = \frac{G_2}{G_1 + G_2} V[\text{V}]$$

$$V_2 = \frac{G_1}{G_1 + G_2} V[\text{V}]$$

### ② 콘덕턴스의 병렬연결

콘덕턴스는 저항과 반비례관계이기 때문에 저항의 직렬연결과 같이 나타내진다.

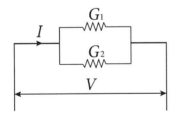

회로의 합성 콘덕턴스 $G_0 = G_1 + G_2$

각 콘덕턴스에 흐르는 전류

$$I_1 = \frac{G_1}{G_1 + G_2} I[\text{A}]$$

$$I_2 = \frac{G_2}{G_1 + G_2} I[\text{A}]$$

. . . .
NOTE

# 출제예상문제

**01** 그림과 같은 회로에서 $R_2$ 양단의 전압 $E_2$[V]는?

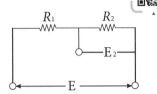
▲ 9강

① $\dfrac{R_1}{R_1 + R_2}E$    ② $\dfrac{R_2}{R_1 + R_2}E$

③ $\dfrac{R_1 R_2}{R_1 + R_2}E$    ④ $\dfrac{R_1 + R_2}{R_1 \cdot R_2}E$

**해설** 분전압 $E_2 = \dfrac{R_2}{R_1 + R_2}E$

**02** 그림과 같은 회로에서 $a$, $b$ 단자에서 본 합성 저항은 몇 [Ω]인가?

① 6    ② 6.3

③ 8.3    ④ 8

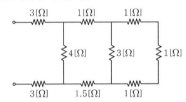

**해설**

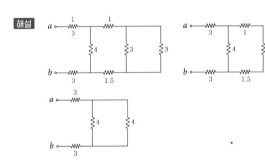

이므로 $6 + \dfrac{4 \times 4}{4+4} = 8[Ω]$

**03** $R = 1[Ω]$의 저항을 그림과 같이 무한히 연결할 때, $a$, $b$간의 합성 저항은?

① 0    ② 1

③ ∞    ④ $1 + \sqrt{3}$

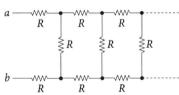

**해설**

그림의 등가회로에서

$R_{ab} = 2r + \dfrac{r \cdot R_{cd}}{r + R_{cd}}$ 이며 $R_{ab} = R_{cd}$ 이므로

$rR_{ab} + R = 2r^2 + 2r \cdot R_{ab} + r \cdot R_{ab}$

여기서 $r = 1[Ω]$를 대입하면

$R_{ab} = 1 + \sqrt{3}$

**정답** 01 ②  02 ④  03 ④

**04** 일정 전압의 직류 전원에 저항을 접속하고 전류를 흘릴 때 이 전류값을 20[%] 증가시키기 위해서는 저항값을 몇 배로 하여야 하는가?

① 1.25배      ② 1.20배      ③ 0.83배      ④ 0.80배

해설 $R = \dfrac{V}{I}$

$$R' = \frac{V}{(1+0.2)I} = \frac{1}{1.2} \cdot \frac{V}{I} = 0.83\frac{V}{I} = 0.83R$$

∴ 0.83배

**05** 두 전원 $E_1$과 $E_2$를 그림과 같이 접속했을 때 흐르는 전류 $I$[A]는?

① 4          ② −4

③ 24        ④ −24

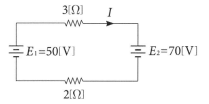

해설 $I = \dfrac{V}{R} = \dfrac{E_1 - E_2}{R_1 + R_2}$

(전류의 방향을 기준으로 기전력의 정(+), 역(−)을 설정)

$$= \frac{50-70}{2+3} = -4[A]$$

**06** 회로에서 $E_{30}$과 $E_{15}$는 몇 [V]인가?

① 60, 30      ② 70, 40

③ 80, 50      ④ 50, 40

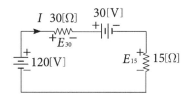

해설 $I = \dfrac{V}{R} = \dfrac{E_1 + E_2}{R_1 + R_2} = \dfrac{120-30}{30+15} = 2[A]$

∴ $E_{30} = I \cdot R = 2 \times 30 = 60[V]$

$E_{15} = I \cdot R = 2 \times 15 = 30[V]$

정답   **04** ③   **05** ②   **06** ①

**07** 그림과 같은 회로에서 $S$를 열였을 때 전류계의 지시는 10[A]였다. $S$를 닫을 때 전류계의 지시 [A]는?

① 8       ② 10
③ 12      ④ 15

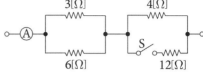

해설 $S$를 열었을 때 전압  $V = I \cdot R = 10 \times (\frac{3 \times 6}{3+6} + 4) = 60[V]$

$S$를 닫았을 때 전류  $I = \frac{V}{R} = \frac{60}{\frac{3 \times 6}{3+6} + \frac{4 \times 12}{4+12}} = 12[A]$

**08** 그림과 같은 회로에서 $I$는 몇 [A]인가? (단, 저항의 단위는 [Ω]이다)

① 1       ② $\frac{1}{2}$
③ $\frac{1}{4}$      ④ $\frac{1}{8}$

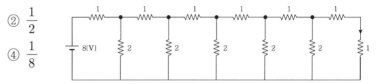

해설 문제풀이 2) 처럼 합성저항을 구하면 $R_0 = 2[\Omega]$

$\therefore I_0 = \frac{V}{R_0} = \frac{8}{2} = 4[A]$

분전류는 계속 절반으로 감소하므로

$I = 4 \times \left(\frac{1}{2}\right)^5 = \frac{1}{8}[A]$

**09** 그림에서 a, b 단자에 200[V]를 가할 때 저항 2[Ω]에 흐르는 전류 $I_1$[A]는?

① 40
② 30
③ 20
④ 10

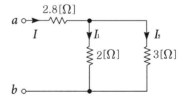

해설 $R_0 = 2.8 + \frac{2 \cdot 3}{2+3} = 4[\Omega]$

$I = \frac{V}{R_0} = \frac{200}{4} = 50[A]$

분전류 $I_1 = \frac{R_2}{R_1 + R_2} I = \frac{3}{2+3} \times 50 = 30[A]$

정답  **07** ③  **08** ④  **09** ②

▲10강

### ♣ 전류의 흐름의 변화를 방해하는 성분

다음과 같은 회로에서 1차측에 전류 $i$가 흐른다고 하면,

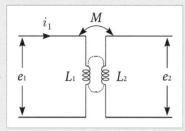

전류 $i$에 의해 발생하는 $L_1$의 유기기전력 $e_1 = -L_1 \dfrac{di_1}{dt}$

전류 $i$에 의해 발생하는 $L_2$의 유기기전력 $e_2 = -M \dfrac{di_1}{dt}$

: 2차측에서는 $L$ 대신 $M$ 사용

이 때, $M = k\sqrt{L_1 L_2}$

$L_1, L_2$ : 자기 Inductance

$M$ : 상호 Inductance

$k$(결합계수) : 1차측에 쇄교된 자속이 2차측에 쇄교되는 비율

※ 인덕턴스는 기본적으로 코일에 의해 발생하므로 극성(코일이 감긴 방향)에 따라 연결상태가 달라진다.

### (1) 인덕턴스 계산

$$L = \frac{N}{I}\phi \,[\text{H}] \quad \left\langle \phi = \frac{NI}{R_m}\,[\text{Wb}] \right\rangle$$

$$= \frac{N^2}{R_m}\,[\text{H}] \quad \left\langle R_m = \frac{\ell}{\mu S} \right\rangle$$

$$= \frac{\mu S N^2}{\ell}\,[\text{H}] \quad \left\langle N = n\ell \right\rangle$$

$$= \mu S n^2 \ell \,[\text{H}]$$

$$= \mu S n^2 \,[\text{H/m}] \quad \langle \text{단위길이당 인덕턴스} \rangle$$

## (2) 인덕턴스의 직렬연결

① 인덕턴스의 직렬 가동결합

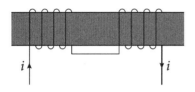

(가동
결합)

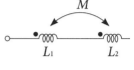

$$L = L_1 + L_2 + 2M$$

② 인덕턴스의 직렬 차동결합

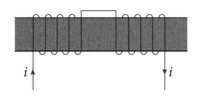

(차동
결합)

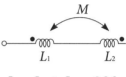

$$L = L_1 + L_2 - 2M$$

인덕턴스의 직렬연결 시 합성 인덕턴스는 다음과 같다.

$$L = L_1 + L_2 \pm 2M$$

$$= L_1 + L_2 \pm 2k\sqrt{L_1 \cdot L_2}$$

$$(\because M = k\sqrt{L_1 \cdot L_2})$$

$\oplus$ 가동 결합  • 이 같은 방향

$\ominus$ 차동 결합  • 이 다른 방향

## (3) 인덕턴스의 병렬연결

### ① 인덕턴스의 병렬 가동결합

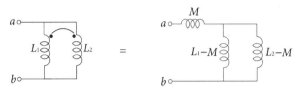

합성 인덕턴스

$$L_0 = M + \frac{(L_1 - M) \cdot (L_2 - M)}{(L_1 - M) + (L_2 - M)}$$

$$= M + \frac{L_1 L_2 - M(L_1 + L_2) + M^2}{L_1 + L_2 - 2M}$$

$$= \frac{M(L_1 + L_2) + 2M^2 + L_1 L_2 - M(L_1 + L_2) + M^2}{L_1 + L_2 - 2M}$$

$$= \frac{L_1 L_2 - M^2}{L_1 + L_2 - 2M} [\mathrm{H}]$$

### ② 인덕턴스의 병렬 차동결합

합성 인덕턴스

$$L_0 = -M + \frac{(L_1 + M) \cdot (L_2 + M)}{(L_1 + M) + (L_2 + M)}$$

$$= -M + \frac{L_1 L_2 + M(L_1 + L_2) + M^2}{L_1 + L_2 + 2M}$$

$$= \frac{-M(L_1 + L_2) - 2M^2 + L_1 L_2 + M(L_1 + L_2) + M^2}{L_1 + L_2 + 2M}$$

$$= \frac{L_1 L_2 - M^2}{L_1 + L_2 + 2M} [\mathrm{H}]$$

## (4) 인덕턴스의 자기에너지

$$W = \frac{1}{2} L I^2 [J]$$ (L, C는 R과 같이 에너지를 소모하지 않고 전류, 전압의 형태로 저장)

**01** 그림 (a)의 인덕턴스에 전류가 그림 (b)와 같이 흐를 때 2초에서
6초 사이의 인덕턴스 전압 $V_L$은 몇 [V]인가? (단, $L = 1$[H]이다)

① 0

② 5

③ 10

④ −5

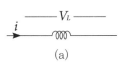
(a)

(b)

**해설** $e = -L\dfrac{di}{dt}$     $L$ : 인덕턴스 [H]

(2초) ~ (6초) 구간사이에서 전류 변화량이 없다. ($di = 0$, $dt = 4$)

$\therefore e = 0$

**02** 자기 인덕턴스 0.05[H]의 회로에 흐르는 전류가 매초 530[A]의 비율로 증가할 때 자기
유도 기전력 [V]을 구하면?

① −25.5          ② −26.5          ③ 25.5          ④ 26.5

**해설** $e = -L\dfrac{di}{dt}$     $L$ : 인덕턴스 [H]     $di = 530$[A], $dt = 1$[s]

$e = -0.05 \times \dfrac{530}{1} = -26.5$[V]

**03** 두 코일이 있다. 한 코일의 전류가 매초 20[A]의 비율로 변화할 때 다른 코일에는 10[V]의
기전력이 발생하였다면 두 코일의 상호 인덕턴스 [H]는 얼마인가?

① 0.25[H]          ② 0.5[H]          ③ 0.75[H]          ④ 1.25[H]

**해설** $e_2 = \left| -M\dfrac{di_1}{dt} \right|$

$M = \dfrac{e_2}{\dfrac{di}{dt}} = \dfrac{10}{20} = 0.5$

**정답** 01 ①   02 ②   03 ②

. . . .
NOTE

04 권수가 $N$인 철심이 든 환상 솔레노이드가 있다. 철심의 투자율을 일정하다고 하면, 이 솔레노이드의 자기 인덕턴스 $L$은? (단, 여기서 $R_m$ 은 철심의 자기저항이고 솔레노이드에 흐르는 전류를 $I$라 한다.)

① $L = \dfrac{R_m}{N^2}$ 　　　② $L = \dfrac{N^2}{R_m}$ 　　　③ $L = R_m N^2$ 　　　④ $L = \dfrac{N}{R_m}$

해설 $L = \dfrac{N}{I}\phi$

$\quad = \dfrac{N}{I} \cdot \dfrac{F}{R_m}$

$\quad = \dfrac{N}{I} \cdot \dfrac{NI}{R_m} = \dfrac{N^2}{R_m}$

05 그림과 같이 환상의 철심에 일정한 권선이 감겨진 권수 $N$ 회, 단면적 $S$[m2], 평균 자로의 길이 $l$ [m]인 환상 솔레이드에 전류 $I$[A]를 흘렸을 때 이 환상 솔레노이드의 자기 인덕턴스를 옳게 표현한 식은?

① $\dfrac{\mu^2 SN}{l}$ 　　　② $\dfrac{\mu S^2 N}{l}$

③ $\dfrac{\mu SN}{l}$ 　　　④ $\dfrac{\mu SN^2}{l}$

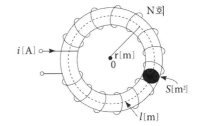

해설 $LI = N\phi$

$\quad L = \dfrac{N}{I} \cdot \dfrac{\mu SNI}{\ell}$

$\quad = \dfrac{\mu SN^2}{\ell}$ [H]

06 평균 반지름이 $a$ [m], 단면적 $S$[m2]인 원환 철심(투자율 $\mu$)에 권선수 $N$ 인 코일을 감았을 때 자기 인덕턴스는?

① $\mu N^2 Sa$ [H] 　　　② $\dfrac{\mu N^2 S}{\pi a^2}$ [H] 　　　③ $\dfrac{\mu N^2 S}{2\pi a}$ [H] 　　　④ $2\pi a\mu N^2 S$ [H]

해설 $L = \dfrac{\mu SN^2}{\ell}$ [H]

$\quad L = \dfrac{\mu SN^2}{2\pi a}$ [H]

정답 04 ② 　05 ④ 　06 ③

· · · ·
NOTE

**07** 단면적 S[m²], 자로의 길이 ℓ [m], 투자율 $\mu$ [H/m]의 환상철심에 자로 1[m]당 n회씩 균등하게 코일을 감았을 경우의 자기 인덕턴스는 몇 [H]인가?

① $\mu n\ell\, S$        ② $\dfrac{\mu n^2 \ell}{S}$        ③ $\mu n^2 \ell S$        ④ $\dfrac{\mu n^2 S}{\ell}$

해설 $L = \dfrac{\mu S(n\ell)^2}{\ell} = \mu S n^2 \ell \,[H]$

**08** 그림과 같은 1[m]당 권선수 $n$, 반지름 $a$ [m]의 무한장 솔레노이드의 자기 인덕턴스[H/m]는 $n$과 $a$ 사이에 어떠한 관계가 있는가?

① $a$와는 상관없고 $n^2$에 비례한다.
② $a$와 $n$의 곱에 비례한다.
③ $a^2$와 $n^2$의 곱에 비례한다.
④ $a^2$에 반비례하고 $n^2$에 비례한다.

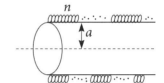

해설 $L = \dfrac{\mu \pi a^2 (n\ell)^2}{\ell} \times \dfrac{1}{\ell}$ [H/m] $= \mu \pi a^2 n^2$ [H/m]

$L \propto a^2 n^2$

**09** 그림과 같은 결합회로의 등가 인덕턴스는?

① $L_1 + L_2 + 2M$     ② $L_1 + L_2 - 2M$
③ $L_1 + L_2 + M$      ④ $L_1 + L_2 - M$

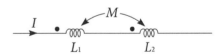

해설 인덕턴스 직렬연결에서 가동결합이므로, 합성인덕턴스 $L = L_1 + L_2 + 2M$

**10** 두 자기 인덕턴스를 직렬로 하여 합성 인덕턴스를 측정하였더니 75[mH]가 되었다. 이 때 한 쪽 인덕턴스를 반대로 접속하여 측정하니 25[mH]가 되었다면 두 코일의 상호 인덕턴스 [mH]는 얼마인가?

① 12.5        ② 20.5        ③ 25        ④ 30

해설 $75 = L_1 + L_2 + 2M$ …… ①
$25 = L_1 + L_2 - 2M$ …… ②
① − ②에서 $50 = 4M$
∴ $M = 12.5$[mH]

정답   **07** ③   **08** ③   **09** ①   **10** ①

. . . .
NOTE

11 그림과 같은 회로에서 합성 인덕턴스는?

① $\dfrac{L_1 L_2 + M^2}{L_1 + L_2 - 2M}$

② $\dfrac{L_1 L_2 - M^2}{L_1 + L_2 - 2M}$

③ $\dfrac{L_1 L_2 + M^2}{L_1 + L_2 + 2M}$

④ $\dfrac{L_1 L_2 - M^2}{L_1 + L_2 + 2M}$

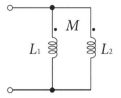

해설 병렬 가극성

12 25[mH]와 100[mH]의 두 인덕턴스가 병렬로 연결되어 있다. 합성 인덕턴스의 값 [mH]은 얼마인가? (단, 상호 인덕턴스는 없는 것으로 한다)

① 125　　　　② 20　　　　③ 50　　　　④ 75

해설 $L = \dfrac{L_1 L_2}{L_1 + L_2}\,(M=0)$

$= \dfrac{25 \times 100}{25 + 100} = 20$

13 자기 인덕턴스가 10[H]인 코일에 3[A]의 전류가 흐를 때 코일에 축적된 자계 에너지는 몇 [J]인가?

① 30　　　　② 45　　　　③ 60　　　　④ 90

해설 에너지 $W = \dfrac{1}{2} L I^2$ [J]

$= \dfrac{1}{2} \times 10 \times 3^2$

$= 45[J]$

정답 11 ②　12 ②　13 ②

**14** 그림과 같이 각 코일의 자기 인덕턴스가 각각 $L_1 = 6$[H], $L_2 = 2$[H]이고 1, 2 코일 사이에 상호 유도에 의한 상호 인덕턴스 $M = 3$[H] 일 때 전 코일에서 축적되는 자기 에너지는? [J] (단, $I = 10$[A]이다)

① 60

② 100

③ 600

④ 700

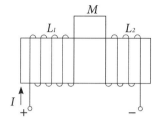

해설 암페아의 오른손 법칙을 이용하면 자속이 합쳐지는 방향이 아니라 빼지는 방향이다.

그러므로 직렬연결 시 차동접속이므로 합성인덕턴스 $L = L_1 + L_2 - 2M$

$L$ 회로에 축적되는 에너지

$$W = \frac{1}{2} L I^2 [\text{J}]$$

$$= \frac{1}{2}(L_1 + L_2 - 2M) \times I^2 = \frac{1}{2}(6 + 2 - 2 \times 3) \times 10^2$$

$$= 100 [\text{J}]$$

# 정전용량 $(C = \dfrac{Q}{V})[F]$

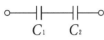
▲12강

## ♣ 콘덴서의 접속(전하를 저장할 수 있는 소자)

### (1) 콘덴서의 직렬연결

$$C_0 = \frac{C_1 C_2}{C_1 + C_2}$$   • 저항의 병렬결선과 동일 방법

### (2) 콘덴서의 병렬연결

• $C_0 = C_1 + C_2$
• 저항의 직렬결선과 동일 방법

### (3) 콘덴서 직렬연결 시 전압의 분배법칙

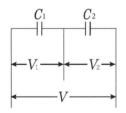

각각의 콘덴서에 걸리는 전압

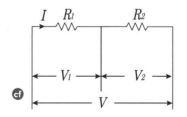

각각의 저항에 걸리는 전압

$$V_1 = \frac{\dfrac{1}{C_1}}{\dfrac{1}{C_1} + \dfrac{1}{C_2}} \times V = \frac{C_2}{C_1 + C_2} V \qquad V_1 = \frac{R_1}{R_1 + R_2} \times V$$

$$V_2 = \frac{\dfrac{1}{C_2}}{\dfrac{1}{C_1} + \dfrac{1}{C_2}} \times V = \frac{C_1}{C_1 + C_2} V \qquad V_2 = \frac{R_2}{R_1 + R_2} \times V$$

## (4) 콘덴서에 저장된 에너지

$$W = \frac{1}{2}CV^2$$

$$= \frac{Q^2}{2C} = \frac{1}{2}QV\,[J]$$

## (5) 정전용량 계산 예

### 1) 고립도체구(球)

$$C = \frac{Q}{V} = 4\pi\varepsilon_0 a\,[F]$$

### 2) 동심구

① A 도체에만 $Q[C]$의 전하를 준 경우

(내구)

• A 도체 전위

$$V_A = \frac{Q}{4\pi\varepsilon_0}\left(\frac{1}{a} - \frac{1}{b} + \frac{1}{c}\right)[V]$$

② A 도체 $+Q[C]$ B 도체에 $-Q[C]$의 전하를 준 경우

ㄱ. 전위 $V_A = \dfrac{Q}{4\pi\varepsilon_0}\left(\dfrac{1}{a} - \dfrac{1}{b}\right)[V]$

ㄴ. 동심구 정전용량 ($a < b$)

$$C = \frac{Q}{V_A} = \frac{4\pi\varepsilon_0}{\dfrac{1}{a} - \dfrac{1}{b}} = \frac{4\pi\varepsilon_0 ab}{b-a}\,[F]\text{(내구절연, 외구접지)}$$

$$C = 4\pi\varepsilon_0\frac{ab}{b-a} + 4\pi\varepsilon_0 b\text{(외구절연, 내구접지)}$$

### 3) 동축원통($a < b$)

• 단위길이당 정전용량

$$C = \frac{2\pi\varepsilon_0}{\ln\dfrac{b}{a}}\,[F/m]\ (a < b)$$

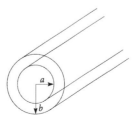

## 4) 평행 도선

- $C = \dfrac{\pi \varepsilon_0}{\ell n \dfrac{d}{a}}$ [F/m]

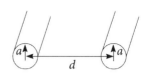

- $a$ : 도선의 반지름, $d$ : 선간거리

## 5) 평행판 도체  $C = \dfrac{\varepsilon_0 S}{d}$ [F]

(콘덴서)

$d$ : 극판간격

$S$ : 극판면적

도체가 정사각형인 경우

$S = a^2$ ($a$ : 한변의 길이)

....
NOTE

Chapter  06  정전용량 67

**01** 30[F] 콘덴서 3개를 직렬로 연결하면 합성 정전 용량 [F]는?

① 10 　　　　　 ② 30 　　　　　 ③ 40 　　　　　 ④ 90

▲13강

해설 $n$개 직렬연결인 경우 콘덴서 합성용량 $C_{직} = \dfrac{C}{n}$

$n$개 병렬연결인 경우 콘덴서 합성용량 $C_{병} = nC$

$$C_{직} = \frac{C}{3} = \frac{30}{3} = 10[\text{F}]$$

**02** 그림에서 $ab$간의 합성정전용량은? (단, 단위는 모두 같다)

① $\dfrac{8}{13}C$ 　　　　　 ② $\dfrac{6}{11}C$

③ $\dfrac{9}{17}C$ 　　　　　 ④ $\dfrac{5}{6}C$

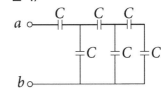

해설 오른쪽부터 계산을 하면

① $C_1 = \dfrac{C}{2}$ (직렬)

② $C_2 = C + C_1 = \dfrac{3}{2}C$ (병렬)

③ $C_3 = \dfrac{C \cdot C_2}{C + C_2} = \dfrac{C \cdot \dfrac{3}{2}C}{C + \dfrac{3}{2}C} = \dfrac{3}{5}C$ (직렬)

④ $C_4 = C + C_3 = C + \dfrac{3}{5}C = \dfrac{8}{5}C$ (병렬)

⑤ $C_5 = \dfrac{C \cdot C_4}{C + C_4} = \dfrac{C \cdot \dfrac{8}{5}C}{C + \dfrac{8}{5}C} = \dfrac{8}{13}C$ (직렬)

**03** 다음 콘덴서 회로의 $AB$ 간, $AC$ 간 정전용량으로 옳은 것은?

① $AB$ 간 : $20[\mu F]$ 　　 $AC$ 간 : $5[\mu F]$
② $AB$ 간 : $10[\mu F]$ 　　 $AC$ 간 : $10[\mu F]$
③ $AB$ 간 : $20[\mu F]$ 　　 $AC$ 간 : $10[\mu F]$
④ $AB$ 간 : $10[\mu F]$ 　　 $AC$ 간 : $5[\mu F]$

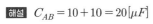

해설 $C_{AB} = 10 + 10 = 20[\mu F]$

$$C_{AC} = \frac{20 \times 20 \times 10}{(20 \times 20) + (20 \times 10) + (10 \times 20)} = 5[\mu F]$$

정답 **01** ① 　 **02** ① 　 **03** ①

. . . .
NOTE

04 그림과 같은 회로의 등가 정전용량 $C_{ab}$는 몇 $[\mu F]$인가?

① 50      ② 30

③ 20      ④ 10

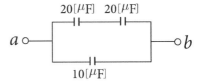

해설 • 직렬접속

$$\frac{20 \times 20}{20 + 20} = 10[\mu F]$$

• 병렬접속

$$C_{ab} = 10 + 10 = 20[\mu F]$$

• 또는

$$C_{ab} = \frac{20[\mu F]}{2[개]} + 10[\mu F] = 20[\mu F]$$

05 콘덴서를 그림과 같이 접속했을 때 $C_x$의 정전용량은 $[\mu F]$은? (단, $C_1 = 2[\mu F]$, $C_2 = 3[\mu F]$, $a$, $b$간의 합성 정전용량은 $C_0 = 3.4[\mu F]$이다)

① 3.2      ② 2.2

③ 1.2      ④ 0.2

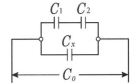

해설 $C_{ab} = \dfrac{C_1 C_2}{C_1 + C_2} + C_x$

$3.4 = \dfrac{2 \times 3}{2 + 3} + C_x$      $\therefore C_x = 3.4 - 1.2 = 2.2$

06 그림과 같은 회로에 1[C]의 전하를 충전시키려 한다. 이 때 양단자 $a$, $b$사이에 몇 [V]의 전압을 인가해야 하는가?

① $5 \times 10^6$

② $5 \times 10^4$

③ $3 \times 10^{-6}$

④ $3 \times 10^{-4}$

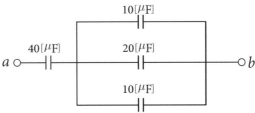

해설 $C_{ab} = \dfrac{40 \times (10 + 20 + 10)}{40 + (10 + 20 + 10)} = 20[\mu F]$

$\therefore V = \dfrac{Q}{C_{ab}} = \dfrac{1}{20 \times 10^{-6}} = 5 \times 10^4[C]$

정답   04 ③   05 ②   06 ②

**07** 정전용량이 $C_1$과 $C_2$의 직렬회로에 $E$의 직류전압을 가할 때 $C_1$ 양단의 전압은 얼마인가?

① $\dfrac{C_1 + C_2}{C_1} \cdot E$

② $\dfrac{C_1 + C_2}{C_2} \cdot E$

③ $\dfrac{C_1}{C_1 + C_2} \cdot E$

④ $\dfrac{C_2}{C_1 + C_2} \cdot E$

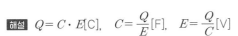

**해설** $Q = C \cdot E$[C], $\quad C = \dfrac{Q}{E}$[F], $\quad E = \dfrac{Q}{C}$[V]

여기서 $Q$ : 전하 [C]

$C$ : 정전용량[F]

$E$ : 전압[V]

$C_1$ 양단의 전압을 $E_1$[V]라고 하면

$$E_1 = \dfrac{\dfrac{1}{C_1} \cdot E}{\dfrac{1}{C_1} + \dfrac{1}{C_2}} = \dfrac{C_2}{C_1 + C_2} \cdot E$$

**08** 그림과 같이 1, 2, 3[$\mu F$]인 콘덴서를 직렬로 연결하고 60[V]의 전압을 가할 때 1[$\mu F$]의 콘덴서에 걸리는 전압 [V]은?

① 약 49.9

② 약 16.4

③ 약 20

④ 약 32.7

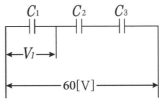

**해설** $V_1 = \dfrac{\dfrac{1}{C_1}}{\dfrac{1}{C_1} + \dfrac{1}{C_2} + \dfrac{1}{C_3}} \times V$

$= \dfrac{\dfrac{1}{1}}{\dfrac{1}{1} + \dfrac{1}{2} + \dfrac{1}{3}} \times 60$

$= 32.72$[V]

**정답** 07 ④ 08 ④

**09** $3[\mu F]$의 콘덴서를 $4[kV]$로 충전하면 저장되는 에너지는 몇 [J]인가?

① 4　　　　　　② 8　　　　　　③ 16　　　　　　④ 24

해설 $W = \dfrac{1}{2}VQ = \dfrac{1}{2}CV^2 = \dfrac{1}{2} \cdot \dfrac{Q^2}{C}$[J]에서

$W = \dfrac{1}{2} \times 3 \times 10^{-6} \times (4 \times 10^3)^2 = 24[J]$

**10** 정전용량 $C$[F]의 콘덴서에 $W$[J]의 에너지를 축적하려면 인가전압은 몇 [V]인가?

① $\sqrt{\dfrac{W}{C}}$　　　　② $\sqrt{\dfrac{W}{2C}}$　　　　③ $\sqrt{\dfrac{2W}{C}}$　　　　④ $\sqrt{\dfrac{2C}{W}}$

해설 $W = \dfrac{1}{2}VQ = \dfrac{1}{2}CV^2 = \dfrac{1}{2} \cdot \dfrac{Q^2}{C}[J]$에서

$W = \dfrac{1}{2}CV^2, \quad V^2 = \dfrac{2W}{C}$

**11** $1[\mu F]$의 정전 용량을 가진 구의 반지름 [km]은?

① $9 \times 10^3$　　　　② 9　　　　③ $9 \times 10^{-3}$　　　　④ $9 \times 10^{-6}$

해설 $C = 4\pi\varepsilon_0 a$

$\therefore a = \dfrac{C}{4\pi\varepsilon_0} = 9 \times 10^9 C = 9 \times 10^9 \times 1 \times 10^{-6} = 9 \times 10^3[m] = 9 \, [km]$

**12** 동심구형 콘덴서의 내외 반지름을 각각 10배로 증가시키면 정전용량은 몇 배로 증가하는가?

① 5　　　　　　② 10　　　　　　③ 20　　　　　　④ 100

해설 $C = \dfrac{4\pi\varepsilon_0}{\dfrac{1}{a} - \dfrac{1}{b}}$

$C' = \dfrac{4\pi\varepsilon_0}{\dfrac{1}{10}\left(\dfrac{1}{a} - \dfrac{1}{b}\right)} = 10\,C$

정답　**09** ④　**10** ③　**11** ②　**12** ②

**13** 그림과 같은 두 개의 동심구로 된 콘덴서의 정전용량[F]은?

① $2\pi\varepsilon_0$

② $4\pi\varepsilon_0$

③ $8\pi\varepsilon_0$

④ $16\pi\varepsilon_0$

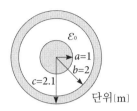

단위[m]

**해설** $C = \dfrac{4\pi\varepsilon_0}{\dfrac{1}{a} - \dfrac{1}{b}} = \dfrac{4\pi\varepsilon_0}{1 - \dfrac{1}{2}} = 8\pi\varepsilon_0$

**14** 내원통 반지름 10[cm], 외원통 반지름 20[cm]인 동축 원통 도체의 정전용량[pF/m]은?

① 100  ② 90  ③ 80  ④ 70

**해설** $C = \dfrac{2\pi\varepsilon_0}{\ln\dfrac{b}{a}} \times 10^{12} = \dfrac{2\pi\varepsilon_0}{\ln\dfrac{0.2}{0.1}} \times 10^{12} = \dfrac{2\pi\varepsilon_0}{\ln 2} \times 10^{12} = 80[\text{pF/m}]$

**15** 반지름 $a$ [m], 선간 거리 $d$ [m]인 평행 도선 간의 정전용량[F/m]은? (단, $d \gg a$ 이다.)

① $\dfrac{2\pi\varepsilon_0}{\log\dfrac{d}{a}}$  ② $\dfrac{1}{2\pi\varepsilon_0\log\dfrac{d}{a}}$  ③ $\dfrac{1}{2\varepsilon_0\log\dfrac{d}{a}}$  ④ $\dfrac{\pi\varepsilon_0}{\log\dfrac{d}{a}}$

**해설** $C = \dfrac{\pi\varepsilon_0}{\ln\dfrac{d}{a}}[\text{F/m}]$

**16** 평행판 콘덴서의 양극판 면적을 3배로 하고 간격을 1/2배로 하면 정전용량은 처음의 몇 배가 되는가?

① 3/2  ② 2/3  ③ 1/6  ④ 6

**해설** 면적 $S_1$, 간격 $d_1$인 평행판 콘덴서의 정전용량을 $C_1$이라 하면

$C_1 = \dfrac{\varepsilon_0}{d_1}S_1$

$d = \dfrac{1}{2}d_1$, $S = 3S_1$ 이므로 구하는 정전용량 C는

$\therefore\ C = \dfrac{\varepsilon_0}{\dfrac{1}{2}d_1} \cdot 3S_1 = 6\dfrac{\varepsilon_0}{d_1}S_1 = 6C_1$  이므로 6배가 된다.

**정답**  13 ③  14 ③  15 ④  16 ④

# 07 복소수 계산

▲14강

♣ **복소수의 표현** : 직각좌표계 (a+bi), 극좌표계 (a∠θ ),

삼각함수 좌표계 (a(cosθ +jsinθ ))

$Z_1 = 3 + j4$(직각좌표계)

$$= \sqrt{실수^2 + 허수^2} \angle \tan^{-1} \frac{허수}{실수}$$

$$= \sqrt{3^2 + 4^2} \angle \tan^{-1} \frac{4}{3}$$

$$= 5 \angle 53.13°(극좌표)$$

⇒ 곱셈(×), 나눗셈(÷)에서 주로 사용

$$= 5(\cos 53.13° + j sin 53.13°)(삼각함수 좌표)$$

$$= 3 + j4$$

⇒ 덧셈(+), 뺄셈(−)에서 주로 사용

$Z_2 = 3 - j4$(직각좌표계)

$$= \sqrt{실수^2 + 허수^2} \angle \tan^{-1} \frac{허수}{실수}$$

$$= \sqrt{3^2 + 4^2} \angle \tan^{-1} \frac{-4}{3}$$

$$= 5 \angle -53.13°(극좌표)$$

⇒ 곱셈(×), 나눗셈(÷)에서 주로 사용

$$= 5(\cos 53.13° - j sin 53.13°)(삼각함수 좌표)$$

$$= 3 - j4$$

⇒ 덧셈(+), 뺄셈(−)에서 주로 사용

## (1) $R-L$ 직렬회로의 임피던스

다음과 같은 RL 회로를 생각해보자. 실수축은 R, 허수축은 XL($jwL$)이 되므로, 오른쪽 그림과 같이 임피던스가 그려진다.

$v = V_m \sin \omega t [V]$

$Z = R + jwL = \sqrt{R^2 + (wL)^2} \angle \tan^{-1} \frac{wL}{R}$

$\cos \theta = \dfrac{R}{|Z|} = \dfrac{R}{\sqrt{R^2 + (\omega L)^2}}$

$\sin \theta = \dfrac{\omega L}{|Z|} = \dfrac{\omega L}{\sqrt{R^2 + (\omega L)^2}}$

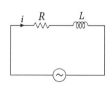

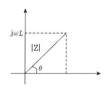

$v = V_m \sin \omega t [V]$

## (2) $R-C$ 직렬회로의 임피던스

다음과 같은 RC 회로를 생각해보자. 실수축은 R, 허수축은 Xc($\dfrac{1}{jwC}$)이 되므로, 오른쪽 그림과 같이 임피던스가 그려진다.

$$Z = R - j\frac{1}{\omega C}$$

$$= \sqrt{R^2 + \left(\frac{1}{\omega C}\right)^2} \angle -\tan^{-1}\left(\frac{\frac{1}{\omega C}}{R}\right)$$

$$\cos\theta = \frac{R}{|Z|} = \frac{R}{\sqrt{R^2 + \left(\frac{1}{\omega C}\right)^2}}$$

$$\sin\theta = \frac{\frac{1}{\omega C}}{|Z|} = \frac{\frac{1}{\omega C}}{\sqrt{R^2 + \left(\frac{1}{\omega C}\right)^2}}$$

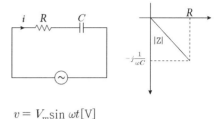

$$v = V_m \sin\omega t\,[\text{V}]$$

## (3) $R-L-C$ 직렬회로의 임피던스

실수축 : R
허수축 : $X_L$, $X_C$

① $wL > \dfrac{1}{wC}$ → 1 상한 임피던스(1사분면)

② $wL < \dfrac{1}{wC}$ → 4 상한 임피던스(4사분면)

③ $wL = \dfrac{1}{wC}$

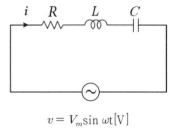

$$v = V_m \sin\omega t\,[\text{V}]$$

　　a. $wL > \dfrac{1}{wC}$

$$\cdot\ Z = R + j\left(wL - \frac{1}{wC}\right)$$

$$= \sqrt{R^2 + \left(wL - \frac{1}{wC}\right)^2} \angle \tan^{-1}\frac{wL - \frac{1}{wC}}{R}$$

　　b. $wL < \dfrac{1}{wC}$

$$\cdot\ Z = R - j\left(\frac{1}{wC} - wL\right)$$

$$= \sqrt{R^2 + \left(\frac{1}{wC} - wL\right)^2} \angle -\tan^{-1}\frac{\frac{1}{wC} - wL}{R}$$

. . . .
NOTE

▲15강

### (4) $R-L$ 병렬회로의 어드미턴스

(병렬회로의 경우 어드미턴스(1/Z)를 활용한다.)

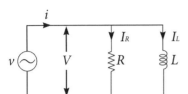

• $Y = Y_1 + Y_2 = \dfrac{1}{R} - j\dfrac{1}{wL}$

• $Y = \dfrac{1}{R} - j\dfrac{1}{wL}$

$$= \sqrt{\left(\dfrac{1}{R}\right)^2 + \left(\dfrac{1}{wL}\right)^2} \angle -\tan^{-1}\dfrac{\dfrac{1}{wL}}{\dfrac{1}{R}}$$

$$\cos\theta = \dfrac{\dfrac{1}{R}}{|Y|} = \dfrac{\dfrac{1}{R}}{\sqrt{\left(\dfrac{1}{R}\right)^2 + \left(\dfrac{1}{\omega L}\right)^2}} = \dfrac{\omega L}{\sqrt{R^2 + (\omega L)^2}}$$

$$\sin\theta = \dfrac{\dfrac{1}{\omega L}}{|Y|} = \dfrac{\dfrac{1}{\omega L}}{\sqrt{\left(\dfrac{1}{R}\right)^2 + \left(\dfrac{1}{\omega L}\right)^2}} = \dfrac{R}{\sqrt{R^2 + (\omega L)^2}}$$

### (5) $R-C$ 병렬회로의 어드미턴스

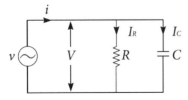

• $Y = Y_1 + Y_2 = \dfrac{1}{R} + \dfrac{1}{\dfrac{1}{jwC}} = \dfrac{1}{R} + jwC$

• $Y = \sqrt{\left(\dfrac{1}{R}\right)^2 + (wC)^2} \angle \tan^{-1} RwC \rightarrow$ 실수분에 허수(허수/실수)

$$\cos \theta = \frac{\dfrac{1}{R}}{\mid Y \mid} = \frac{\dfrac{1}{R}}{\sqrt{\left(\dfrac{1}{R}\right)^2 + (\omega C)^2}}$$

$$= \frac{\dfrac{1}{\omega C}}{\sqrt{R^2 + \left(\dfrac{1}{\omega C}\right)}}$$

$$\sin \theta = \frac{\omega C}{\mid Y \mid}$$

$$= \frac{\omega C}{\sqrt{\left(\dfrac{1}{R}\right)^2 + (\omega C)^2}}$$

$$= \frac{R}{\sqrt{R^2 + \left(\dfrac{1}{\omega C}\right)^2}}$$

## (6) $R-L-C$ 병렬회로의 어드미턴스

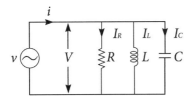

- $Y = Y_1 + Y_2 + Y_2$

$$= \frac{1}{R} - j\frac{1}{wL} + jwC$$

$$= \frac{1}{R} + j\left(wC - \frac{1}{wL}\right)$$

▲ 16강

**01** $R = 100\ [\Omega]$, $C = 30\ [\mu\text{F}]$의 직렬 회로에 $f = 60\ [\text{Hz}]$, $V = 100\ [\text{V}]$의 교류 전압을 인가할 때 전류[A]는?

① 0.45 　　　 ② 0.56 　　　 ③ 0.75 　　　 ④ 0.96

해설 $R - C$ 직렬
$$X_c = \frac{1}{\omega C} = \frac{1}{2\pi \times 60 \times 30 \times 10^{-6}} = 88.4$$
$$I = \frac{V}{Z} = \frac{V}{\sqrt{R^2 + X_c^2}} = \frac{100}{\sqrt{100^2 + 88.4^2}} = 0.75\,[\text{A}]$$

**02** R–L 직렬 회로에 10[V]의 교류 전압을 인가하였을 때 저항에 걸리는 전압이 6[V]이었다면 인덕턴스에 유기되는 전압[V]은?

① 4 　　　 ② 6 　　　 ③ 8 　　　 ④ 10

해설 $V = \sqrt{V_R{}^2 + V_L{}^2}$
$$\therefore\ V_L = \sqrt{V^2 - V_R{}^2} = 8\,[\text{V}]$$

**03** 그림과 같은 직렬 회로에서 각 소자의 전압이 그림과 같다면 a, b 양단에 가한 교류 전압 [V]은?

① 2.5 　　　 ② 7.5
③ 5 　　　 ④ 10

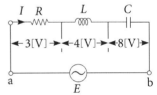

해설 $V = \sqrt{V_R{}^2 + (V_L - V_c)^2} = \sqrt{3^2 + (4-8)^2} = 5$

**04** $R = 50\ [\Omega]$, $L = 200\ [\text{mH}]$의 직렬 회로가 주파수 $f = 50\ [\text{Hz}]$의 교류에 대한 역률은 몇 [%]인가?

① 52.3 　　　 ② 82.3 　　　 ③ 62.3 　　　 ④ 72.3

해설 $X_L = \omega L = 2\pi \times 50 \times 200 \times 10^{-3} = 20\pi = 62.8$
$$\cos\theta = \frac{R}{|Z|} = \frac{50}{\sqrt{50^2 + 62.8^2}} = 0.623$$
$$\therefore\ 62.3[\%]$$

정답 **01** ③ 　 **02** ③ 　 **03** ③ 　 **04** ③

**05** 100[V], 50[Hz]의 교류 전압을 저항 100[Ω], 커패시턴스 10[μ F]의 직렬 회로에 가할 때 역률은?

① 0.25        ② 0.27        ③ 0.3        ④ 0.35

**해설** $R-C$ 직렬 $\cos\theta = \dfrac{R}{|Z|} = \dfrac{R}{\sqrt{R^2 + \left(\dfrac{1}{\omega C}\right)^2}} = \dfrac{100}{\sqrt{100^2 + \left(\dfrac{1}{2\pi \times 50 \times 10 \times 10^{-6}}\right)^2}}$

$\qquad\qquad\qquad\quad = 0.3$

**06** 그림과 같은 회로에서 벡터 어드미턴스 $Y[\mho]$는?

① $3 - j4$
② $4 + j3$
③ $3 + j4$
④ $5 - j4$

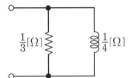

$\frac{1}{3}[\Omega] \qquad \frac{1}{4}[\Omega]$

**해설** $Y = \dfrac{1}{R} + \dfrac{1}{jX_L} = 3 - j4[\mho] \quad (X_L = \omega L)$

**07** 저항 30[Ω], 용량성 리액턴스 40[Ω]의 병렬 회로에 120[V]의 정현파 교류 전압을 가할 때의 전 전류[A]는?

① 3        ② 4        ③ 5        ④ 6

**해설** $R-C$ 병렬

$I = I_R + I_C = \dfrac{V}{R} + j\dfrac{V}{X_C} = \dfrac{120}{30} + j\dfrac{120}{40} = 4 + j3 = 5$

**08** 저항 $R$ 과 유도 리액턴스 $X_L$ 이 병렬로 접속된 회로의 역률은?

① $\dfrac{\sqrt{R^2 + X_L^2}}{R}$     ② $\sqrt{\dfrac{R^2 + X_L^2}{X_L}}$     ③ $\dfrac{R}{\sqrt{R^2 + X_L^2}}$     ④ $\dfrac{X_L}{\sqrt{R^2 + X_L^2}}$

**해설** $R-X$ 병렬

$\cos\theta = \dfrac{X}{|Z|} = \dfrac{X}{\sqrt{R^2 + X^2}}$

**정답** **05** ③    **06** ①    **07** ③    **08** ④

**09** 그림과 같은 회로의 역률은 얼마인가?

① $1 + (\omega RC)^2$

② $\sqrt{1 + (\omega RC)^2}$

③ $\dfrac{1}{\sqrt{1 + (\omega RC)^2}}$

④ $\dfrac{1}{1 + (\omega RC)^2}$

해설 $R - C$ 병렬

$$\cos\theta = \frac{X_c}{|Z|} = \frac{\frac{1}{\omega C}}{\sqrt{R^2 + \left(\frac{1}{\omega C}\right)^2}} \times \frac{\omega C}{\omega C} = \frac{1}{\sqrt{1 + (R\omega C)^2}}$$

**10** 저항 3[$\varOmega$]과 리액턴스 4[$\varOmega$]을 병렬로 연결한 회로에서의 역률은?

① $\dfrac{3}{5}$ ② $\dfrac{4}{5}$ ③ $\dfrac{3}{7}$ ④ $\dfrac{3}{4}$

해설 $R - X$ 병렬

$$\cos\theta = \frac{X}{Z} = \frac{4}{5} = 0.8$$

# 전력

▲ 17강

## (1) 단상교류의 전력

$$P = VI\cos\theta$$

$$= I^2 R \ (\text{직렬}) = \frac{V^2}{R} (\text{병렬})$$

$$= P_a \cdot \cos\theta \, [\text{W}]$$

$$P_r = V \cdot I\sin\theta$$

$$= I^2 \cdot X \, (\text{직렬})$$

$$= \frac{V^2}{X} \, (\text{병렬})$$

$$= P_a \cdot \sin\theta [\text{Var}]$$

## (2) 복소 전력

$$V = V_1 + j V_2$$

$$I = I_1 + j I_2$$

$$P_a = \overline{V} I = (V_1 - j V_2)(I_1 + j I_2)$$

$$= (V_1 I_1 + V_2 I_2) + j(V_1 I_2 - V_2 I_1)$$

$$= P + j P_r$$

## (3) 전력

$$P = 3 V_P I_P \cdot \cos\theta = \sqrt{3} \ V_\ell I_\ell \cdot \cos\theta$$

$$= 3 I_P^2 R = 3 \cdot \frac{V_P^2}{R} = P_a \cos\theta \, [W]$$

$$P_r = 3 V_P I_P \cdot \sin\theta = \sqrt{3} \ V_\ell I_\ell \cdot \sin\theta$$

$$= 3 I_P^2 X = 3 \cdot \frac{V_P^2}{X} = P_a \sin\theta \, [var]$$

참고

① Y결선

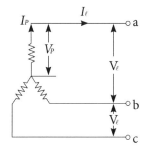

$V_\ell = \sqrt{3}\ V_P\ ,\ I_\ell = I_P$

$V_\ell$은 $V_P$보다 위상이 30°만큼 앞선다.

② △ 결선

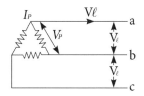

$V_\ell = V_P\ ,\ I_\ell = \sqrt{3}\ I_P$

$I_\ell$은 $I_P$보다 위상이 30°만큼 뒤진다.

## (4) 비정현파의 실효값과 전력

$$V = \sqrt{2}\ V_1 \sin\omega t + \sqrt{2}\ V_2 \sin2\omega t + \cdots$$

$$i = \sqrt{2}\ I_1 \sin(\omega t + \theta_1) + \sqrt{2}\ I_2 \sin(2\omega t + \theta_2) + \cdots$$

$$V = \sqrt{V_1^2 + V_2^2 +\ }\ ,$$

$$I = \sqrt{I_1^2 + I_2^2 + \cdots}$$

$$P = V_1 I_1 \cos\theta_1 + V_2 I_2 \cos\theta_2 + \cdots$$

. . . .
NOTE

▲18강

**01** $V = 100 \angle 60° $ [V], $I = 20 \angle 30°$ [A]일 때 유효 전력[W]은 얼마인가?

① $1,000\sqrt{2}$  ② $1,000\sqrt{3}$  ③ $\dfrac{2,000}{\sqrt{2}}$  ④ $2,000$

**해설** $P = VI\cos\theta$ [W] $= 100 \times 20\cos 30° = 1,000\sqrt{3}$ [W]

**02** 어떤 회로에 전압 $v$와 전류 $i$ 각각 $v = 100\sqrt{2}\sin\left(377t + \dfrac{\pi}{3}\right)$[V], $i = \sqrt{8}\sin\left(377t + \dfrac{\pi}{6}\right)$ [A]일 때 소비전력[W]은?

① $100$  ② $200\sqrt{3}$  ③ $300$  ④ $100\sqrt{3}$

**해설** $P = VI\cos\theta = 100 \times 2 \times \cos 30° = 100\sqrt{3}$ $(\because \sqrt{8} = 2\sqrt{2})$

**03** 어떤 회로에 전압 $v(t) = V_m\cos(\omega t + \theta)$ 를 가했더니 전류 $i(t) = I_m\cos(\omega t + \theta + \phi)$ 가 흘렀다. 이때 회로에 유입하는 평균 전력은?

① $\dfrac{1}{4}V_m I_m\cos\phi$  ② $\dfrac{1}{2}V_m I_m\cos\phi$  ③ $\dfrac{V_m I_m}{\sqrt{2}}$  ④ $V_m I_m\sin\phi$

**해설** $P = VI\cos\phi = \dfrac{V_m}{\sqrt{2}} \cdot \dfrac{I_m}{\sqrt{2}} \cdot \cos\phi$[W]

**04** 어느 회로의 전압과 전류가 각각 $v = 50\sin(\omega t + \theta)$ [V], $i = 4\sin(\omega t + \theta - 30°)$ [A]일 때, 무효 전력[Var]은 얼마인가?

① $100$  ② $86.6$  ③ $70.7$  ④ $50$

**해설** $P_r = \dfrac{V_m I_m}{2}\sin\theta$ [Var]
$= \dfrac{50 \times 4}{2}\sin 30° = 50$ [Var]

**05** $V = 100 + j30$ [V]의 전압을 어떤 회로에 인가하니 $I = 16 + j3$ [A]의 전류가 흘렀다. 이 회로에서 소비되는 유효 전력[W] 및 무효 전력[Var]은?

① $1,690, \ 180$  ② $1,510, \ 780$  ③ $1,510, \ 180$  ④ $1,690, \ 780$

**해설** $P_a = \overline{V} \cdot I = (100 - j30)(16 + j3) = 1,690 - j180$

**정답** **01** ②  **02** ④  **03** ②  **04** ④  **05** ①

. . . .
NOTE

**06** 저항 $R = 3\,[\Omega]$과 유도 리액턴스 $X_L = 4\,[\Omega]$이 직렬로 연결된 회로에 $v = 100\sqrt{2}\sin\omega t$ [V]인 전압을 가하였다. 이 회로에서 소비되는 전력[kW]은?

① 1.2        ② 2.2        ③ 3.5        ④ 4.2

해설   $Z = \sqrt{3^2 + 4^2} = 5$

$$I = \frac{V}{Z} = \frac{100}{5} = 20$$

$$P = I^2 \cdot R = 20^2 \times 3 = 1,200\,[\text{W}] = 1.2\,[\text{kW}]$$

**07** $R = 40\,[\Omega]$, $L = 80\,[\text{mH}]$의 코일이 있다. 이 코일에 100[V], 60[Hz]의 전압을 인가할 때 소비되는 전력[W]은?

① 100        ② 120        ③ 160        ④ 200

해설   $X_L = \omega_L = 2\pi f \cdot L = 2\pi \times 60 \times 80 \times 10^{-3} = 30$

$$\therefore I = \frac{V}{Z} = \frac{V}{\sqrt{R^2 + X_L{}^2}} = \frac{100}{\sqrt{40^2 + 30^2}} = 2$$

$$\therefore P = I^2 \cdot R = 2^2 \times 40 = 160$$

**08** 각 상의 임피던스가 $Z = 6 + j\,8\,[\Omega]$인 평형 Y 부하에 선간 전압 220[V]인 대칭 3상 전압이 가해졌을 때 선전류는 약 몇 [A]인가?

① 11.7        ② 12.7        ③ 13.7        ④ 14.7

해설   $I_\ell = I_p = \dfrac{V_p}{Z} = \dfrac{\frac{220}{\sqrt{3}}}{10} = \dfrac{22}{\sqrt{3}} = 12.7$

**09** 전원과 부하가 다같이 △ 결선된 3상 평형 회로가 있다. 전원 전압이 200[V], 부하 임피던스가 $6 + j\,8\,[\Omega]$인 경우 선전류[A]는?

① 20        ② $\dfrac{20}{\sqrt{3}}$        ③ $20\sqrt{3}$        ④ $10\sqrt{3}$

해설   $3\phi(\triangle$ 결선)

$$I_\ell = \sqrt{3}\,I_p = \sqrt{3} \times \frac{V_p}{Z} = \sqrt{3} \times \frac{200}{10} = 20\sqrt{3}$$

정답   **06** ①   **07** ③   **08** ②   **09** ③

**10** 3상 유도 전동기의 출력이 5[HP], 전압 200[V], 효율 90[%], 역률 85[%]일 때, 이 전동기에 유입되는 선전류는 약 몇 [A]인가?

① 4           ② 6           ③ 8           ④ 14

해설 $I_\ell = \dfrac{P}{\sqrt{3}\ V_\ell \cos\theta\ \eta} = \dfrac{5 \times 746}{\sqrt{3} \times 200 \times 0.85 \times 0.9} = 14$

**11** $Z = 24 + j7\ [\Omega]$의 임피던스 3개를 그림과 같이 성형으로 접속하여 a, b, c 단자에 200[V]의 대칭 3상 전압을 인가했을 때 흐르는 전류[A]와 전력[W]은?

① $I \fallingdotseq 4.6,\ P = 1,536$
② $I \fallingdotseq 6.4,\ P = 1,636$
③ $I \fallingdotseq 5.0,\ P = 1,500$
④ $I \fallingdotseq 6.4,\ P = 1,346$

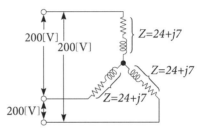

해설 $3\phi(Y)$

$Z = 24 + j7$

$V_\ell = 200$

$I_\ell = I_p = 4.61$

$I_p = \dfrac{V_p}{Z} = \dfrac{\frac{200}{\sqrt{3}}}{25} = \dfrac{8}{\sqrt{3}} = 4.61\,[\text{A}]$

$P = 3 I_P^2 \cdot R = 3 \times 4.61^2 \times 24 = 1,536\,[\text{W}]$

**12** 비정현파의 전압이 $v = \sqrt{2} \cdot 100\sin\omega t + \sqrt{2} \cdot 50\sin 2\omega t + \sqrt{2} \cdot 30\sin 3\omega t$ [V]일 때 실효치는 약 몇 [V]인가?

① 13.4        ② 38.6        ③ 115.7        ④ 180.3

해설 $V = \sqrt{V_1^2 + V_2^2 + V_3^2} = \sqrt{10^2 + 60^2 + 30^2} = 115.7[\text{V}]$

**13** 어떤 회로가 단자전압과 전류가 $v = 100\sin\omega t + 70\sin 2\omega t + 50\sin(3\omega t - 30°)$
$i = 20\sin(\omega t - 60°) + 10\sin(3\omega t + 45°)$일 때, 회로에 공급되는 평균전력은 얼마인가?

① 565[W]        ② 525[W]        ③ 495[W]        ④ 465[W]

해설 $P = \dfrac{100 \times 20}{2}\cos 60° + \dfrac{50 \times 10}{2}\cos 75° = 564.7[\text{W}]$

정답   **10** ④   **11** ①   **12** ③   **13** ①

# 벡터해석

▲ 19강

- 스칼라 : 크기 만으로 완전히 표시할 수 있는 물리량　ex 전위$[V]$

- 벡터 : 크기 와 방향 으로 완전히 표시할 수 있는 물리량　ex 전계$[E]$

- 단위 벡터 $\overrightarrow{(\mu)} \Rightarrow$ 벡터의 크기가 1인 벡터

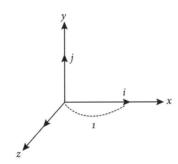

$i :\ +$ 방향의 $x$축의 단위벡터 $(1,\ 0,\ 0)$　ex $|i| = 1$

$j :\ +$ 방향의 $y$축의 단위벡터 $(0,\ 1,\ 0)$　ex $|j| = 1$

$k :\ +$ 방향의 $z$축의 단위벡터 $(0,\ 0,\ 1)$　ex $|k| = 1$

$$\overrightarrow{A} = (A_x + A_y + A_z)$$
$$= A_x i + A_y j + A_z K$$

크기 $\Rightarrow |\overrightarrow{A}| = \sqrt{A_x^2 + A_y^2 + A_z^2}$

ex $\overrightarrow{A} = (1,\ 2,\ 3)$

$= 1i + 2j + 3k$

크기 $\Rightarrow |\overrightarrow{A}| = \sqrt{1^2 + 2^2 + 3^2}$

## (1) 스칼라의 곱

같은 방향의 성분끼리 곱할 때 최대가 되며, 직교 성분끼리의 스칼라 곱은 0이 된다.

$$\overrightarrow{A} \cdot \overrightarrow{B} = |\overrightarrow{A}| \, |\overrightarrow{B}| \cos \theta$$

$$i \cdot i = j \cdot j = k \cdot k = |i| \cdot |i| \cos 0 = 1$$
$$\downarrow \quad \downarrow \quad \downarrow$$
$$1 \quad 1 \quad 1$$

$$i \cdot j = j \cdot k = k \cdot i = |i| \cdot |j| \cos 90° = 0$$
$$\downarrow \quad \downarrow \quad \downarrow$$
$$1 \quad 1 \quad 0$$

$$
\begin{aligned}
\overrightarrow{A} \cdot \overrightarrow{B} &= (Axi + Ayi + Azk) \cdot (Bxi + Byi + Bzk) \\
&= (AxBx(i \cdot i) + AxBy(i \cdot j) + AxBz(i \cdot k) \\
&\quad + AyBx(j \cdot i) + AyBy(j \cdot j) + AyBz(j \cdot k) \\
&\quad + AzBx(k \cdot i) + AzBy(k \cdot j) + AzBz(k \cdot k) \\
&= AxBx + AyBy + AzBz
\end{aligned}
$$

## (2) 벡터 곱

직교하는 성분끼리의 벡터 곱이 최대가 되며, 동일한 방향의 벡터곱은 0이 된다.

$$\vec{A} \times \vec{B} = |\vec{A}| \, |\vec{B}| \sin\theta$$

$$i \times i = j \times j = k \times k = |i| \, |i| \sin 0$$
$$\downarrow \quad \downarrow \quad \downarrow$$
$$1 \quad 1 \quad 0$$
$$= 0$$

| | | |
|---|---|---|
| $i \times j = k$ | $j \times i = -k$ | ⓔⓧ $i \times j = -j \times i = k$ |
| $j \times k = i$ | $k \times j = -i$ | $j \times k = -k \times j = i$ |
| $k \times i = j$ | $i \times k = -j$ | |

$$\vec{A} \times \vec{B} = (Axi + Ayj + Azk) \times (Bxi + Byj + Bzk)$$
$$= AxBx(i \times i) + AxBy(i \times j) + AxBz(i \times k)$$
$$+ AyBx(j \times i) + AyBy(j \times j) + AyBz(j \times k)$$
$$+ AzBx(k \times i) + AzBy(k \times j) + AzBz(k \times k)$$
$$= i(AyBz - AzBy) + j(AzBx - AxBz) + k(AxBy - AyBx)$$

- 행렬식을 이용한 풀이

$$\vec{A} \times \vec{B} = \begin{vmatrix} i & j & k \\ Ax & Ay & Az \\ Bx & By & Bz \end{vmatrix}$$ 샤로스 법칙 이용

$$= i(AyBz - AzBy) + j(AzBx - AxBz) + k(AxBy - AyBx)$$

▲20강

**01** 두 단위 벡터간의 각을 $\theta$라 할 때 벡터 곱(vector product)과 관계없는 것은?

① $i \times j = -j \times i = k$

② $k \times i = -i \times k = j$

③ $i \times i = j \times j = k \times k = 0$

④ $i \times j = 0$

해설 $i \times j = k \quad j \times i = -k$

$j \times k = i \quad k \times j = -i$

$k \times i = j \quad i \times k = -j$

**02** 다음 중 옳지 않은 것은?

① $i \cdot i = j \cdot j = k \cdot k = 0$

② $i \cdot j = j \cdot k = k \cdot i = 0$

③ $A \cdot B = AB \cos \theta$

④ $i \times i = j \times j = k \times k = 0$

해설 $i \cdot i = j \cdot j = k \cdot k = 1$

**03** 어떤 물체에 $F_1 = -3i + 4j - 5k$와 $F_2 = 6i + 3j - 2k$의 힘이 작용하고 있다. 이 물체에 $F_3$을 가하였을 때 세 힘이 평형되기 위한 $F_3$은?

① $F_3 = -3i - 7j + 7k$

② $F_3 = 3i + 7j - 7k$

③ $F_3 = 3i - j + 7k$

④ $F_3 = 3i - j + 3k$

해설 $F_1 + F_2 + F_3 = 0$

$\therefore F_3 = -(F_1 + F_2) = -(-3i + 4j - 5k) + (6i + 3j - 2k)$

$= -(3i + 7j - 7k) = -3i - 7j + 7k$

**04** $A = -7i - j$, $B = -3i - 4j$ 의 두 벡터가 이루는 각은 몇 도인가?

① 30

② 45

③ 60

④ 90

해설 $\vec{A} \cdot \vec{B} = |\vec{A}||\vec{B}| \cdot \cos\theta$

$\cos\theta = \dfrac{\vec{A} \cdot \vec{B}}{|\vec{A}| \cdot |\vec{B}|} = \dfrac{7 \times 3 + 1 \times 4}{\sqrt{7^2 + 1^2} \times \sqrt{3^2 + 4^2}} = \dfrac{1}{\sqrt{2}}$

$\therefore \theta = 45°$

정답 **01** ④ **02** ① **03** ① **04** ②

. . . .
NOTE

**05** $A = A_x i + 2j + 3k$, $B = -2i + j + 2k$의 두 벡터가 서로 직교한다면 $A_x$의 값은?

① 10　　　　　② 8　　　　　③ 6　　　　　④ 4

해설 $\vec{A} \cdot \vec{B} = |\vec{A}| \cdot |\vec{B}| \cdot \cos 90^\circ = 0$ (직교시)

$A_x B_x + A_y B_y + A_z B_z = 0$

$A_x(-2) + 2 \times 1 + 3 \times 2 = 0$

$\therefore A_x = 4$

**06** 두 벡터 $A = 2i + 2j + 4k$, $B = 4i - 2j + 6k$일 때 $A \times B$는? (단, $i$, $j$, $k$ 는 $x$, $y$, $z$ 방향의 단위 벡터이다)

① 28

② $8i - 4j + 24k$

③ $6i + j + 10k$

④ $20i + 4j - 12k$

해설 $A \times B = \begin{vmatrix} i & j & k \\ 2 & 2 & 4 \\ 4 & -2 & 6 \end{vmatrix}$

$= i(2 \times 6 + 2 \times 4) + j(4 \times 4 - 2 \times 6) + k(-2 \times 2 - 2 \times 4)$

$= 20i + 4j - 12k$

정답　**05** ④　**06** ④

· · · ·
NOTE

# 10 CHAPTER
# 진공중의 정전계와 정자계

※ 정전계와 정자계의 공식이 같은 것을 비교해 보기 위해서 다음과 같이 편집되었습니다.

▲ 21강

## ♣ 정전계

### (1-1) 쿨롱의 법칙

두 개의 점전하 $Q_1$, $Q_2$에 대하여 두 전하 사이에 작용하는 힘(인력 or 척력) F는 다음과 같다.

$$F = \frac{Q_1 Q_2}{4\pi\varepsilon_0 r^2}[\text{N}] = 9 \times 10^9 \times \frac{Q_1 Q_2}{r^2}$$

$\varepsilon_0$(진공의 유전율)$= 8.855 \times 10^{-12}[\text{F/m}]$

↳ $\varepsilon = \varepsilon_0\varepsilon_s$(매질의 유전율)

($\varepsilon_s$ : 비유전율)  진공시 $\varepsilon_s = 1$, 물 $\varepsilon_s = 80$

> 참고
>
> 유전율 : 절연체에 전하가 충전될 수 있는 능력(일반적으로 절연율과 반대)

## ♣ 정자계

### (1-2) 쿨롱의 법칙

두 개의 점자하 $m_1$, $m_2$에 대하여 두 전하 사이에 작용하는 힘(인력 or 척력) F는 다음과 같다.

$$F = \frac{m_1 m_2}{4\pi\mu_0 r^2}[\text{N}] = 6.33 \times 10^4 \times \frac{m_1 m_2}{r^2}$$

$\mu_0$(진공의 투자율)

$= 4\pi \times 10^{-7}[\text{H/m}]$

↳ $\mu = \mu_0\mu_s$(매질의 투자율)

($\mu_s$ : 비투자율)  진공시 $\mu_s = 1$, 강철 $\mu_s = 100$

> 참고
>
> 투자율 : 자기장 내 물질이 자화되는 정도를 나타낸 것(강자성체 일수록 크다)

## (2-1) 전계의 세기

(Q의 전하량을 가진 전하로부터 r만큼 떨어진 거리에서) 단위 점전하 +1[C]에 작용하는 힘

### (1) 점전하로 인한 전계의 세기

① $E = \dfrac{Q \cdot 1}{4\pi\varepsilon_0 r^2}$

$\quad = \dfrac{Q}{4\pi\varepsilon_0 r^2} = [\text{V/m}]$

② $E = \dfrac{F}{Q}[\text{N/C}]$

$\quad F = QE[\text{N}]$

## (2-2) 자계의 세기

자계 내의 임의의 점에 단위 정자하 +1[Wb]를 놓았을 때 작용하는 힘

### (1) 점자하로 인한 자계의 세기

① $H = \dfrac{m \cdot 1}{4\pi\mu_0 r^2}$

$\boxed{\quad = \dfrac{m}{4\pi\mu_0 r^2}[\text{AT/m}]\quad}$

$[\text{A/m}] = 6.33 \times 10^4 \times \dfrac{m}{r^2}$

② $H = \boxed{\quad \dfrac{F}{m}[\text{N/Wb}]\quad}$

$\quad F = mH$

**(3-1) 전위(점전하)**

$$V = -\int_{\infty}^{r} E dx = E \cdot r$$

$$= \frac{Q}{4\pi\varepsilon_0 r} [\text{V}]$$

**(3-2) 자위(점자하)**

$$U = \int H dr = H \cdot r$$

$$= \frac{m}{4\pi u_0 r} [\text{AT}]$$

**(4-1) 전기 쌍극자**

$$V = \frac{M}{4\pi\varepsilon_0 r^2} \cos\theta [\text{V}]$$

$$E = \frac{M}{4\pi\varepsilon_0 r^3} \sqrt{1 + 3\cos^2\theta} [\text{V/m}]$$

$M$(전기 쌍극자 모멘트)

$$= Q \cdot \delta [\text{C} \cdot \text{m}]$$

$\theta = 0°$일 때 $V$, $E$ ⇒ 최대

$\theta = 90°$일 때 $V$, $E$ ⇒ 최소

**(4-2) 자기 쌍극자(막대자석)**

$$U = \frac{M}{4\pi\mu_0 r^2} \cos\theta [\text{AT}]$$

$$H = \frac{M}{4\pi\mu_0 r^3} \sqrt{1 + 3\cos^2\theta} [\text{AT/m}]$$

$M$(자기 쌍극자 모멘트)

$$= m \cdot \ell [\text{Wb} \cdot \text{m}]$$

$\theta = 0°$일 때 $U$, $H$ ⇒ 최대

$\theta = 90°$일 때

$$U = 0, \ H = \text{최소}$$

## (5-1) 전기 이중층

$$V = \frac{M}{4\pi\varepsilon_0}w\,[\text{V}]$$

## (5-2) 자기 이중층(판자석)

$$U = \frac{M}{4\pi\mu_0}w\,[\text{AT}]$$

## (6-1) 전속밀도

$$D = \frac{Q}{S}$$

$$= \frac{Q}{4\pi r^2} \times \frac{\varepsilon_0}{\varepsilon_0}$$

$$= \varepsilon_0 E\,[C/m^2]$$

## (6-2) 자속밀도

$$B = \frac{m}{S}$$

$$= \frac{m}{4\pi r^2} \times \frac{\mu_0}{\mu_0}$$

$$= \boxed{\mu_0 H\,[\text{W}b/m^2]}$$

## (7-1) 전기력선수 $= \dfrac{Q}{\varepsilon_0}$

- 전속수 $= Q$

## (7-2) 자기력선수 $= \dfrac{m}{\mu_0}$

- 자속수 $= m$

▲ 22강

**01** 1[C]의 전하량을 갖는 두 점전하가 공기 중에 1[m] 떨어져
놓여 있을 때 점전하 사이에 작용하는 힘은 몇 [N]인가?

① 1　　　　　　② $3 \times 10^9$　　　　　　③ $9 \times 10^9$　　　　　　④ $10^{-5}$

해설 $F = \dfrac{Q_1 \cdot Q_2}{4\pi\varepsilon_0 r^2} = 9 \times 10^9 \times \dfrac{Q^2}{r^2}$ 에서 $= 9 \times 10^9 \times \dfrac{1^2}{1^2} = 9 \times 10^9 [N]$

**02** 진공 중에 $2 \times 10^5$[C]과 $1 \times 10^{-6}$[C]인 두 개의 점전하가 50[cm] 떨어져 있을 때 두 전하
사이에 작용하는 힘은 몇 [N]인가?

① 0.72　　　　　　② 0.92　　　　　　③ 1.82　　　　　　④ 2.02

해설 $F = \dfrac{Q_1 \cdot Q_2}{4\pi\varepsilon_0 r^2} = 9 \times 10^9 \times \dfrac{Q_1 \cdot Q_2}{r^2}$

$= 9 \times 10^9 \times \dfrac{2 \times 10^{-5} \times 1 \times 10^{-6}}{0.5^2}$

$= 0.72 [N]$

**03** 공기 중에서 $2.5 \times 10^{-4}$ [Wb]와 $4 \times 10^{-3}$ [Wb]의 두 자극 사이에 작용하는 힘이 6.33 [N]
이었다면 두 자극 간의 거리[cm]는?

① 1　　　　　　② 5　　　　　　③ 10　　　　　　④ 100

해설 $F = 6.33 \times 10^4 \times \dfrac{m_1 m_2}{r^2}$

$r = \sqrt{\dfrac{6.33 \times 10^4 \times m_1 m_2}{F}} = \sqrt{\dfrac{6.33 \times 10^4 \times 2.5 \times 10^{-4} \times 4 \times 10^{-3}}{6.33}}$

$= 10^{-1} [m] = 10 [cm]$

**04** 진공 중 놓인 1[$\mu C$]의 점전하에서 3[m] 되는 점의 전계 [V/m]는?

① $10^{-3}$　　　　　　② $10^{-1}$　　　　　　③ $10^2$　　　　　　④ $10^3$

해설 점전하의 전계의 세기

$E = \dfrac{Q}{4\pi\varepsilon_0 r^2} = 9 \times 10^9 \times \dfrac{10^{-6}}{3^2} = 10^3 [V/m]$

정답 **01** ③　**02** ①　**03** ③　**04** ④

**05** 자극의 크기 $m = 4[\text{Wb}]$의 점자극으로부터 $r = 4[\text{m}]$ 떨어진 점의 자계의 세기 $[\text{AT/m}]$를 구하면?

① $7.9 \times 10^3$      ② $6.3 \times 10^4$      ③ $1.6 \times 10^4$      ④ $1.3 \times 10^3$

**해설** 점자극의 자계세기

$$H = \frac{m}{4\pi\mu_0 r^2} = 6.33 \times 10^4 \times \frac{m}{r^2}$$

$$= 6.33 \times 10^4 \times \frac{4}{4^2}$$

$$= 1.6 \times 10^4 [\text{AT/m}]$$

**06** 어느 점전하에 의하여 생기는 전위를 처음 전위의 $\frac{1}{2}$ 이 되게 하려면 전하로부터의 거리를 몇배로 하면 되는가?

① $\frac{1}{\sqrt{2}}$      ② $\frac{1}{2}$      ③ $\sqrt{2}$      ④ $2$

**해설** 점전하의 전위

$$V = \frac{Q}{4\pi\varepsilon_0 r}$$

$$\frac{1}{2}V = \frac{Q}{4\pi\varepsilon_0 r'} = \frac{Q}{4\pi\varepsilon_0 (2r)} = \frac{1}{2}V$$

$$r' = 2r$$

**07** 전기 쌍극자로부터 $r$만큼 떨어진 점의 전위 크기 $V$는 $r$과 어떤 관계에 있는가?

① $V \propto r$      ② $V \propto \frac{1}{r^3}$      ③ $V \propto \frac{1}{r^2}$      ④ $V \propto \frac{1}{r}$

**해설** 전기 쌍극자에 의한 전계

$$E = \frac{M}{4\pi\varepsilon_0 r^3}\sqrt{1 + 3\cos^2\theta}\,[\text{V/m}]$$

전기 쌍극자에 의한 전위

$$V = \frac{M \cdot \cos\theta}{4\pi\varepsilon_0 r^2}[\text{V}]$$

**정답** 05 ③ 06 ① 07 ③

**08** 쌍극자 모멘트가 $M[C \cdot m]$인 전기 쌍극자에서 점 $P$의 전계는 $\theta = \dfrac{\pi}{2}$ 일 때 어떻게 되는가?

(단, $\theta$는 전기 쌍극자의 중심에서 축방향과 점 $P$를 잇는 선분의 사이각이다.)

① 최소                                      ② 최대

③ 항상 0이다                             ④ 항상 1이다

**해설** 전기 쌍극자에 의한 전계

$$E = \frac{M}{4\pi\varepsilon_0 r^3}\sqrt{1+3\cos^2\theta}\,[\text{V/m}]$$

$\theta = 0°$ : 최대

$\theta = 90°$ : 최소

**09** 자기 쌍극자에 의한 자위 $U[\text{A}]$에 해당되는 것은? (단, 자기 쌍극자의 자기 모멘트는 $M[\text{Wb} \cdot \text{m}]$, 쌍극자의 중심으로 부터의 거리는 $r[\text{m}]$, 쌍극자의 정방향과의 각도는 $\theta$도라 한다)

① $6.33 \times 10^4 \dfrac{M sin\theta}{r^3}$                 ② $6.33 \times 10^4 \dfrac{M sin\theta}{r^2}$

③ $6.33 \times 10^4 \dfrac{M cos\theta}{r^3}$                 ④ $6.33 \times 10^4 \dfrac{M cos\theta}{r^2}$

**해설** 자기 쌍극자 자위

$$U = \frac{M \cdot \cos\theta}{4\pi\mu_0 r^2} = 6.33 \times 10^4 \times \frac{M \cdot \cos\theta}{r^2}\,[\text{AT}]$$

**10** 판자석의 세기가 $P[\text{Wb/m}]$되는 판자석을 보는 입체각이 $w$인 점의 자위는 몇 [A]인가?

① $\dfrac{P}{4\pi\mu_0 w}$                         ② $\dfrac{Pw}{4\pi\mu_0}$

③ $\dfrac{P}{2\pi\mu_0 w}$                         ④ $\dfrac{Pw}{2\pi\mu_0}$

**해설** 판자석의 자위

$$U = \frac{m}{4\pi\mu_0} \cdot w = \frac{P}{4\pi\mu_0} \cdot w\,[\text{AT}]$$

11 그림과 같은 자기 모멘트 $M$[Wb/m]인 판자석의 $N$과 $S$극 측에 입체각 $w_1$, $w_2$인 $P$ 점과 $Q$ 점이 판에 무한히 접근해 있을 때 두 점 사이의 자위차 [J/Wb]는? (단, 판자석의 표면 밀도를 $\pm\sigma$[Wb/m²]라 하고 두께를 $\sigma$[m]라 할 때 $M=\delta\sigma$[Wb/m]이다)

① $\dfrac{M}{\mu_0}$  　　② $\dfrac{M}{4\pi\mu_0}$

③ $\dfrac{2M}{4\pi\mu_0}(w_1-w_2)$  　　④ 0

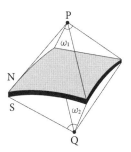

해설 판자석의 자위

$$U=\frac{M}{4\pi\mu_0}\cdot w=\frac{m}{4\pi\mu_0}\times 4\pi=\frac{m}{\mu_0}[\text{AT}]$$

12 비투자율이 800의 환상 철심 중의 자계가 150[AT/m]일 때 철심의 자속밀도 [Wb/m²]는?

① $12\times 10^{-2}$  　　② $12\times 10^{2}$

③ $15\times 10^{2}$  　　④ $15\times 10^{-2}$

해설 자속밀도 $B=\mu H=\mu_0\mu_s H$
$$=4\pi\times 10^{-7}\times 800\times 150$$
$$=15\times 10^{-2}[Wb/m^2]$$

13 자계의 세기가 800[AT/m], 자속밀도 0.05[Wb/m²]인 재질의 투자율은 몇 [H/m]인가?

① $3.25\times 10^{-5}$  　　② $4.25\times 10^{-5}$

③ $5.25\times 10^{-5}$  　　④ $6.25\times 10^{-5}$

해설 자속밀도 $B=\mu H$

투자율 $\mu=\dfrac{B}{H}=\dfrac{0.05}{800}=6.25\times 10^{-5}[\text{H/m}]$

정답  11 ①  12 ④  13 ④

# 유전체와 자성체

▲ 23강

## (1-1) 분극의 세기

$$P = \varepsilon_0 (\varepsilon_s - 1) E$$

$$= \chi E \Rightarrow \chi \,(\text{분극율})$$

$$\therefore \chi = \varepsilon_0 (\varepsilon_s - 1) \,[\text{F/m}]$$

$$= D(1 - \frac{1}{\varepsilon_s}) \,[\text{C/m}^2]$$

$$= \frac{M[c \cdot m]}{V[m^3]} \,[\text{C/m}^2]$$

## (1-2) 자화의 세기

$$J = \boxed{\mu_0 (\mu_s - 1) H}$$

$$\boxed{= \chi H} \Rightarrow \chi \,(\text{자화율})$$

$$\therefore \chi = \mu_0 (\mu_s - 1) \,[\text{H/m}]$$

$$= \boxed{B(1 - \frac{1}{\mu_s})}$$

$$= \boxed{\frac{M[Wb \cdot \ m]}{V[m^3]} \,[\text{Wb/m}^2]}$$

(단위 체적당 자기 모멘트)

## (2-1) 경계조건(유전체)

① 전속밀도의 법선 성분은 같다.

$D_1 \cos \theta_1 = D_2 \cos \theta_2$

② 전계의 접선 성분은 같다.

$E_1 \sin \theta_1 = E_2 \sin \theta_2$

③ 굴절의 법칙

$$\frac{\tan \theta_2}{\tan \theta_1} = \frac{\varepsilon_2}{\varepsilon_1}$$

④ $\varepsilon_1 > \varepsilon_2$일 때

$\theta_1 > \theta_2$

$D_1 > D_2$

$E_1 < E_2$

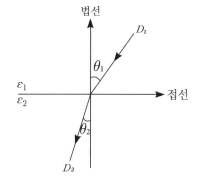

## (2-2) 경계조건(자성체)

① 자속밀도의 법선 성분은 같다.

$B_1 \cos \theta_1 = B_2 \cos \theta_2$

② 자계의 접선 성분은 같다.

$H_1 \sin \theta_1 = H_2 \sin \theta_2$

③ 굴절의 법칙

$$\frac{\tan \theta_2}{\tan \theta_1} = \frac{\mu_2}{\mu_1}$$

④ $\mu_1 > \mu_2$일 때

$\theta_1 > \theta_2$

$B_1 > B_2$

$H_1 < H_2$

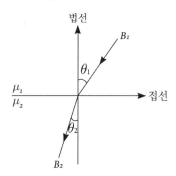

## (3-1) 전기저항(R)

도선의 굵기에 반비례하고 길이에 비례한다.

$$R = \rho \frac{l}{S} = \frac{l}{k \cdot S}$$

$k$ : 도전율

## (3-2) 자기저항($R_m$)

코어의 굵기에 반비례하고 길이에 비례한다.

$$R_m = \frac{l}{\mu S} \, [\text{AT/Wb}]$$

$$= \frac{F}{\phi} \Rightarrow F(\text{기자력}) = NI \, [\text{AT}]$$

## (4-1) 전류

$$I = \frac{V}{R}$$

## (4-2) 자속

$$\phi = \frac{F}{R_m} = \frac{NI}{\dfrac{l}{\mu S}}$$

$$= \boxed{\dfrac{\mu S N I}{l} \, [\text{Wb}]}$$

## (5-1) 에너지 밀도(정전계)

단위 체적당 에너지

$$w = \frac{1}{2}\varepsilon E^2 = \frac{D^2}{2\varepsilon}$$

$$= \frac{1}{2}ED \, [\text{J/m}^3]$$

단위 면적당 힘

$$f = \frac{1}{2}\varepsilon E^2 = \frac{D^2}{2\varepsilon}$$

$$= \frac{1}{2}ED \, [\text{N/m}^2]$$

## (5-2) 단위 체적당 에너지(정자계)

$$w = \frac{1}{2}\mu H^2 = \frac{B^2}{2\mu}$$

$$= \frac{B^2}{2\mu} = \frac{1}{2}HB[\mathrm{J/m^3}]$$

단위 면적당 힘

$$f = \frac{1}{2}\mu H^2 = \frac{B^2}{2\mu}$$

$$= \frac{1}{2}HB[\mathrm{N/m^2}]$$

## ⁂ 작용하는 힘

| 정전계 | | 정자계 | |
|---|---|---|---|
| 전하=전기량 | $Q[\mathrm{C}]$ | 자하=자기량 | $m\ [\mathrm{Wb}]$ |
| 전기력=정전력 | $F = \frac{1}{4\pi\varepsilon_0} \cdot \frac{Q_1 Q_2}{r^2}\ [\mathrm{N}]$ | 자기력=자력 | $F = \frac{1}{4\pi\mu_0} \cdot \frac{m_1 m_2}{r^2}\ [\mathrm{N}]$ |
| 전계의 세기 | $E = \frac{1}{4\pi\varepsilon_0} \cdot \frac{Q}{r^2}[\mathrm{V/m}]$ | 자계의 세기 | $H = \frac{1}{4\pi\mu_0} \cdot \frac{m}{r^2} = \frac{F}{l} = \frac{NI}{l}$ $[\mathrm{AT/m}] = [\mathrm{N/Wb}]$ |
| 전위 | $V = \frac{1}{4\pi\varepsilon_0} \cdot \frac{Q}{r}\ [\mathrm{V}]$ | 자위 | $U = \frac{1}{4\pi\mu_0} \cdot \frac{m}{r}\ [\mathrm{AT}]$ |
| 전기력선 | $N = \frac{Q}{\varepsilon_0}\ [\text{개}]$ | 자기력선 | $N = \frac{m}{\mu_0}\ [\text{개}]$ |
| 전속 | $\Psi = Q\ [\mathrm{C}]$ | 자속 | $\phi = m\ [\mathrm{Wb}]$ |
| 전속밀도 | $D = \frac{Q}{S} = \varepsilon_0 E\ [\mathrm{C/m^2}]$ | 자속밀도 | $B = \frac{\Phi}{A} = \mu_0 H\ [\mathrm{Wb/m^2}]$ |
| 유전율 | $\varepsilon_0 = \frac{1}{4\pi \cdot 9 \cdot 10^9}\ [\mathrm{F/m}]$ $= 8.854 \times 10^{-12}$ | 투자율 | $\mu_0 = 4\pi \times 10^{-7}\ [\mathrm{H/m}]$ $\cong 1.26 \times 10^{-6}$ |
| Driving force | $\mathrm{emf(V)}\ [\mathrm{V}]$ | Driving force | $\mathrm{mmf}(F)\ [\mathrm{AT}]$ |
| Response | $\mathrm{current(I)}\ [\mathrm{A}]$ | Response | $\mathrm{flux}(\Phi)\ [\mathrm{Wb}]$ |
| Impedance | $\mathrm{resistance(R)}$ $[\Omega]$ | Impedance | $\mathrm{reluctance(R)}$ $[\mathrm{1/H}] = [\mathrm{AT/Wb}]$ |
| Patential | $V = IR\ [\mathrm{V}]$ | Patential | $F = \Phi R\ [\mathrm{AT}]$ |

. . . .
NOTE

▲24강

**01** 비유전율이 5인 등방유전체의 한 점에서의 전계의 세기가 10[kV/m]이다. 이 점의 분극의 세기는 몇 [c/m²]인가?

① $1.41 \times 10^7$　　　　　　② $3.54 \times 10^{-7}$

③ $8.84 \times 10^8$　　　　　　④ $4 \times 10^4$

해설 $P = \varepsilon_0 (\varepsilon_s - 1) E$

$\quad\quad = 8.855 \times 10^{-12} \times (5-1) \times 10^4$

$\quad\quad = 3.54 \times 10^{-7} [c/m^2]$

**02** 베이클라이트 중의 전속밀도가 $4.5 \times 10^{-6}$ [c/m²]일 때의 분극의 세기는 몇[c/m²]인가? (단, 베이클라이트의 비유전율은 4로 계산한다.)

① $1.350 \times 10^{-6}$　　　　　② $2.345 \times 10^{-6}$

③ $3.375 \times 10^{-6}$　　　　　④ $4.365 \times 10^{-6}$

해설 $P = D\left(1 - \dfrac{1}{\varepsilon_s}\right) = 4.5 \times 10^{-6} \times \left(1 - \dfrac{1}{4}\right)$

$\quad\quad = 3.37 \times 10^{-6} [c/m^2]$

**03** 비투자율 $\mu_s = 400$인 환상 철심 내의 평균 자계의 세기가 $H = 3,000$[AT/m]이다. 철심 중의 자화의 세기 $J$[Wb/m²]는?

① 0.15　　　　　　② 1.5

③ 0.75　　　　　　④ 7.5

해설 $J$ : 자화의 세기

$\quad J = \mu_0 (\mu_s - 1) H$

$\quad\quad = 4\pi \times 10^{-7} \times (400 - 1) \times 3,000 = 1.5 [Wb/m^2]$

정답 **01** ②　**02** ③　**03** ②

**04** 비투자율이 50인 자성체의 자속밀도가 0.05[Wb/m²]일 때 자성체의 자화 세기 [Wb/m²]는?

① 0.049

② 0.05

③ 0.055

④ 0.06

해설 $J = B\left(1 - \dfrac{1}{\mu_s}\right) = 0.05 \times \left(1 - \dfrac{1}{50}\right) = 0.049[\text{Wb/m}^2]$

**05** 그림과 같이 상이한 유전체 $\varepsilon_1$, $\varepsilon_2$의 경계면에서 성립되는 관계로 옳은 것은?

① 전속의 법선성분은 같고 $(D_1\sin\theta_1 = D_2\sin\theta_2)$
전계의 법선성분이 같다. $(E_1\cos\theta_1 = E_2\cos\theta_2)$

② 전속의 법선성분이 같고 $(D_1\cos\theta_1 = D_2\cos\theta_2)$
전계의 접선성분이 같다. $(E_1\sin\theta_1 = E_2\sin\theta_2)$

③ 전속의 접선성분이 같고 $(D_1\cos\theta_1 = D_2\cos\theta_2)$
전계의 접선 성분이 같다. $(E_1\sin\theta_1 = E_2\sin\theta_2)$

④ 전속의 접선성분이 같고 $(D_1\cos\theta_1 = D_2\cos\theta_2)$
전계의 법선성분이 같다. $(E_1\sin\theta_1 = E_2\sin\theta_2)$

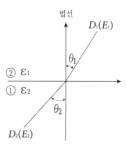

해설 경계조건

$D_1\cos\theta_1 = D_2\cos\theta_2$ (법선)

$E_1\sin\theta_1 = E_2\sin\theta_2$ (접선)

$\dfrac{\tan\theta_2}{\tan\theta_1} = \dfrac{\varepsilon_2}{\varepsilon_1}$ (굴절의 법칙)

**06** 두 종류의 유전율 $\varepsilon_1$, $\varepsilon_2$를 가진 유전체 경계면에 전하 존재하지 않을 때 경계조건이 아닌 것은?

① $\varepsilon_1 E_1 \cos\theta_1 = \varepsilon_2 E_2 \cos\theta_2$

② $\varepsilon_1 E_1 \sin\theta_1 = \varepsilon_2 E_2 \sin\theta_2$

③ $E_1 \sin\theta_1 = E_2 \sin\theta_2$

④ $\tan\theta_1 / \tan\theta_2 = \varepsilon_1 / \varepsilon_2$

해설 경계조건 중 $D_1\cos\theta_1 = D_2\cos\theta_2$ 는 $\varepsilon_1 E_1 \cos\theta_1 = \varepsilon_2 E_2 \cos\theta_2$ 이므로

$\varepsilon_1 E_1 \sin\theta_1 = \varepsilon_2 E_2 \sin\theta_2$ 는 경계조건이 될 수 없다. (전속밀도 $D = \varepsilon E$ )

정답 **04** ① **05** ② **06** ②

**07** 두 유전체 ㉠, ㉡가 유전율 $\varepsilon_1 = 2\sqrt{3}\,\varepsilon_0$, $\varepsilon_2 = 2\varepsilon_0$이며, 경계를 이루고 있을 때 그림과 같이 전계가 입사하여 굴절하였다면 ㉡ 유전체 내의 전계의 세기 [V/m]는?

① 100　　　　　　② $100\sqrt{3}$

③ $100\sqrt{2}$　　　　　④ 98

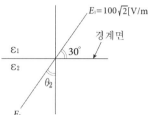

**해설** 굴절의 법칙에서 $\tan\theta_2 = \dfrac{\varepsilon_2}{\varepsilon_1} \times \tan\theta_1$

$$= \frac{2}{2\sqrt{3}} \times \tan 60° \quad (\because 입사각은 법선에 대한 각도)$$

$$= 1$$

$$\therefore \theta_2 = 45°$$

$$E_1 \cdot \sin\theta_1 = E_2 \cdot \sin\theta_2$$

$$E_2 = \frac{\sin\theta_1}{\sin\theta_2} \times E_1 = \frac{\dfrac{\sqrt{3}}{2}}{\dfrac{\sqrt{2}}{2}} \times 100\sqrt{2} = 100\sqrt{3}$$

**08** 길이 10[cm], 단면의 반지름 $a = 1$[cm]인 원통형 자성체가 길이의 방향으로 균일하게 자화되어 있을 때 자화의 세기가 $J = 0.5$[Wb/m²]이라면 이 자성체의 자기 모멘트[Wb·m]는?

① $1.57 \times 10^{-4}$　　② $1.57 \times 10^{-5}$　　③ $15.7 \times 10^{-4}$　　④ $15.7 \times 10^{-5}$

**해설** $J = \dfrac{dM}{dV} = \dfrac{M}{V}$

$$M = J \cdot V = 0.5 \times \pi a^2 l$$
$$= 0.5 \times \pi \times (10^{-2})^2 \times 10^{-1} = 1.57 \times 10^{-5}\,[\text{Wb} \cdot \text{m}]$$

**09** 길이 ℓ [m], 단면적의 반지름 $a$ [m]인 원통에 길이 방향으로 균일하게 자화되어 자화의 세기가 $J$ [Wb/m2]인 경우 원통 양단에서의 전자극의 세기 $m$ [Wb]는?

① $J$　　　　　　② $2\pi a J$　　　　　③ $\pi a^2 J$　　　　　④ $J/\pi a^2$

**해설** $J = \dfrac{M}{V} = \dfrac{M}{\pi a^2 \ell}$

$$(M = m\ell = J \cdot \pi a^2 \ell)[\text{Wb} \cdot \text{m}]$$
$$m = J \cdot \pi a^2\,[\text{Wb}]$$

**정답** 07 ② 08 ② 09 ③

**10** 그림과 같이 유전체 경계면에서 $\varepsilon_1 < \varepsilon_2$ 이었을 때 $E_1$과 $E_2$의 관계식 중 맞는 것은?

① $E_1 > E_2$    ② $E_1\cos\theta_1 = E_2\cos\theta_2$

③ $E_1 = E_2$    ④ $E_1 < E_2$

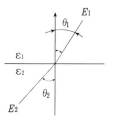

**해설** $\varepsilon_1 < \varepsilon_2,\ \theta_1 < \theta_2,\ D_1 < D_2,\ E_1 > E_2$

**11** 투자율이 다른 두 자성체의 경계면에서의 굴절각은?

① 투자율에 비례한다.    ② 투자율에 반비례한다.

③ 투자율의 제곱에 비례한다.    ④ 비투자율에 반비례한다.

**해설** $\mu_1 > \mu_2\quad \theta_1 > \theta_2\quad B_1 > B_2\quad H_1 < H_2$

**12** 철심이 든 환상 솔레노이드에서 $1000[AT]$의 기자력에 의해서 철심 내에 $5\times10^{-5}[Wb]$의 자속이 통과하면 이 철심 내의 자기저항은 몇 $[AT/Wb]$인가?

① $5\times10^2$    ② $2\times10^7$    ③ $5\times10^{-2}$    ④ $2\times10^{-7}$

**해설** 자기저항 $R_m = \dfrac{F}{\phi} = \dfrac{NI}{\phi}$

$$= \dfrac{1000}{5\times10^{-5}} = \dfrac{1}{5}\times10^8[AT/Wb]$$

**13** 자기회로의 자기저항은?

① 자기회로의 단면적에 비례    ② 투자율에 반비례

③ 자기회로의 길이에 반비례    ④ 단면적에 반비례하고 길이의 제곱에 비례

**해설** $R_m = \dfrac{\ell}{\mu_0\mu_s S}$

**14** 어떤 막대꼴 철심이 있다. 단면적이 0.5[m²], 길이가 0.8[m], 비투자율이 20이다. 이철심의 자기저항 [AT/Wb] 인가?

① $6.37\times10^4$    ② $4.45\times10^4$    ③ $3.6\times10^4$    ④ $9.7\times10^5$

**해설** 자기저항 $R_m = \dfrac{\ell}{\mu S} = \dfrac{\ell}{\mu_0\mu_s S} = \dfrac{0.8}{4\pi\times10^{-7}\times20\times0.5} = 6.37\times10^4[AT/Wb]$

**정답** **10** ①  **11** ①  **12** ②  **13** ②  **14** ①

**15** 단면적 $S[m^2]$, 길이 $l[m]$, 투자율 $\mu[H/m]$의 자기회로에 $N$ 회의 코일을 감고 $I[A]$의 전류를 통할 때의 오옴의 법칙은?

① $B = \dfrac{\mu SNI}{l}$　　② $\phi = \dfrac{\mu SI}{lN}$　　③ $\phi = \dfrac{\mu SNI}{l}$　　④ $B = \dfrac{\mu SN^2}{l}$

해설 자속 $\phi = \dfrac{F}{R_m} = \dfrac{\mu SNI}{l}[Wb]$

**16** 비투자율 1000의 철심이 든 환상 솔레노이드의 권수는 600회, 평균 지름은 20[cm], 철심의 단면적은 10[cm²]이다. 솔레노이드에 2[A]의 전류를 흘릴 때 철심 내의 자속은 몇 $[Wb]$가 되는가?

① $2.4 \times 10^{-5}$　　② $2.4 \times 10^{-3}$　　③ $1.2 \times 10^{-5}$　　④ $1.2 \times 10^{-3}$

해설 자속 $\phi = \dfrac{F}{R_m} = \dfrac{\mu SNI}{\ell} = \dfrac{\mu SNI}{2\pi a}$

$$= \dfrac{4\pi \times 10^{-7} \times 1000 \times 10 \times 10^{-4} \times 600 \times 2}{2\pi \times 0.1}$$

$$= 2.4 \times 10^{-3}[Wb]$$

**17** 두 장의 평행 평판 사이의 공기 중에서 코로나 방전이 일어난 전계의 세기가 3[kV/mm]라면 이때 도체면에 작용하는 힘[N/m²]은?

① 39.9　　② 3.8　　③ 71.6　　④ 7.96

해설 $E = 3\,[kV/mm] = 3 \times 10^6\,[V/m]$

$$f = \dfrac{1}{2}\varepsilon_0 E^2 = \dfrac{1}{2} \times 8.855 \times 10^{-12} \times (3 \times 10^6)^2 = 39.9\,[N/m^2]$$

**18** 비투자율이 4000인 철심을 자화하여 자속밀도가 0.1[Wb/m²]으로 되었을 때 철심의 단위 체적에 저축된 에너지 [J/m³]는?

① 1　　② 3　　③ 2.5　　④ 5

해설 에너지 밀도 $w = \dfrac{B^2}{2\mu} = \dfrac{B^2}{2\mu_0 \mu_s}$

$$= \dfrac{0.1^2}{2 \times 4\pi \times 10^{-7} \times 4000}$$

$$= 1[J/m^3]$$

# 12 단위 및 용어

CHAPTER

▲ 25강

## 1 전압, 전류, 저항 등에 쓰이는 보조단위

| 기호 | 읽는 법 | 배수 | 기호 | 읽는 법 | 배수 |
|---|---|---|---|---|---|
| $T$ | 테라(tear) | $10^{12}$ | $c$ | 센티(centi) | $10^{-2}$ |
| $G$ | 기가(giga) | $10^{9}$ | $m$ | 밀리(milli) | $10^{-3}$ |
| $M$ | 메가(mega) | $10^{6}$ | $\mu$ | 마이크로(micro) | $10^{-6}$ |
| $k$ | 킬로(kilo) | $10^{3}$ | $n$ | 나노(nano) | $10^{-9}$ |
| $h$ | 헥토(hecto) | $10^{2}$ | $p$ | 피코(pico) | $10^{-12}$ |
| $da$ | 데카(deca) | $10$ | $f$ | 펨토(femto) | $10^{-15}$ |
| $d$ | 데시(deci) | $10^{-1}$ | $a$ | 아토(atto) | $10^{-18}$ |

## 2 그리스 문자

| 그리스 문자 | | 호칭 | 그리스 문자 | | 호칭 |
|---|---|---|---|---|---|
| $A$ | $\alpha$ | 알파 | $N$ | $\nu$ | 뉴 |
| $B$ | $\beta$ | 베타 | $\Xi$ | $\xi$ | 크사이 |
| $\Gamma$ | $\gamma$ | 감마 | $O$ | $o$ | 오미크론 |
| $\Delta$ | $\delta$ | 델타 | $\Pi$ | $\pi$ | 파이 |
| $E$ | $\varepsilon$ | 입실론 | $P$ | $\rho$ | 로 |
| $Z$ | $\zeta$ | 제타 | $\Sigma$ | $\sigma$ | 시그마 |
| $H$ | $\eta$ | 에타 | $T$ | $\tau$ | 타우 |
| $\Theta$ | $\theta$ | 쎄타 | $Y$ | $\epsilon$ | 입실론 |
| $I$ | $\iota$ | 요타 | $\Phi$ | $\phi$ | 파이 |
| $K$ | $\kappa$ | 카파 | $X$ | $\chi$ | 카이 |
| $A$ | $\lambda$ | 람다 | $\Psi$ | $\psi$ | 프사이 |
| $M$ | $\mu$ | 뮤 | $\Omega$ | $\omega$ | 오메가 |

## 3 전기 회로 용어 해설

- **감극제**(depolarizer) : 분극작용을 막기 위해 쓰이는 물질
- **감쇠정수**(attenuation constant) : 선로에서 단위 길이당 감쇠의 정도를 나타내는 정수
- **검류계**(galvano-meter) : 미약한 전류를 측정하기 위한 계기
- **고유저항**(speccific resistance) : 전류의 흐름을 방해하는 물질의 고유한 성질
- **고조파**(higher harmonic wave) : 기본파보다 높은 주파수, 고주파와 구별
- **고주파** : 일반적으로 무선주파수에 사용
- **과도상태**(transient state) : 회로에서 스위치를 닫은 후 정상상태에 이르는 사이의 상태
- **과도현상**(transient phenomena) : 회로에서 스위치를 닫은 후 정상상태에 이르는 사이에 나타나는 여러 가지 현상
- **교류**(alternating current) : 시간의 변화에 따라 크기와 방향이 주기적으로 변하는 전압·전류
- **국부작용**(local action) : 전지의 전극에 사용하고 있는 아연판이 불순물에 의한 전지작용으로 인해 자기 방전하는 현상
- **기전력**(electromotiveforce, emf) : 전압을 연속적으로 만들어주는 힘
- **누설전류**(leakage current) : 절연물의 양단에 전압을 가하면 절연물에는 절연저항으로 나눈 값의 전류가 흐르고 이를 누설전류라 한다.
- **다상교류**(multi phase $A \cdot C$) : 3개 이상의 상을 가진 교류
- **도전율**(conductivity) : 고유저항의 역수, 단위는 [$\mho$/m], 기호로는 $\sigma$로 나타낸다.
- **동상**(in-phase) : 동일한 주파수에서 위상차가 없는 경우를 말함
- **등가회로**(equivalent circuit) : 서로 다른 회로라도 전기적으로 같은 작용을 하는 회로
- **리액턴스**(reactance) : 교류에서 저항 이외에 전류의 흐름을 방해하는 작용을 하는 성분
- **마력(HP)과 와트(W) 사이의 관계** : $1[\text{HP}] = 746[\text{W}] \fallingdotseq \frac{3}{4}[\text{kW}]$
- **맥동률**(ripple factor) : 교류분을 포함한 직류에 있어서 직류분에 대한 교류분의 비, 리플 백분율이 라고도 한다.
- **메거**(Megger) : $10^6[\Omega]$ 이상의 고저항 측정
- **무효 전력**(wattless power) : 실제로 아무런 일도 할 수 없는 전력
- **무효율**(reactive factor) : 전압과 전류의 위상차인 사인 (sin) 값
- **벡터량**(vector quantity) : 크기와 방향 2개의 요소로 표시되는 양
- **복소 전력**(complex power) : 실수와 허수로 구성되는 전력
- **부하**(load) : 전구등과 같이 전원에서 전기를 공급받아 어떤 일을 하는 기계나 기구
- **분극(성극)작용**(polarization effect) : 전지에 부하를 걸면 양극 표면에 수소가스가 생겨 전류의 흐름을 방해하는 현상

- **분포정수회로**(distributed constant circuit) : 선로정수 $R$, $L$, $C$, $G$가 균등하게 분포되어 있는 회로
- **비정현파 교류**(non-sinusoidal wave A.C) : 파형이 일그러져 정현파가 되지 않는 교류
- **비진동상태**(non-oscillatory state) : 전류가 시간에 따라 증가하다가 점차 감소하는 상태
- **사이클**(cycle) : 0에서 2$^-$까지 1회의 변화
- **상전류**(phase current) : 다상 교류 회로에서 각상에 흐르는 전류
- **상전압**(phase voltage) : 다상 교류 회로에서 각상에 걸리는 전압
- **서셉턴스**(susceptance) : 어드미턴스의 허수부를 말한다.
- **선간전압**(line voltage) : 다상 교류 회로에서 단자간에 걸리는 전압
- **선로정수**(line constant) : 선로에 발생하는 저항, 인덕턴스, 정전용량, 누설콘덕턴스 등을 말한다.
- **선전류**(line current) : 다상 교류회로에서 단자로부터 유입 또는 유출되는 교류
- **선택도**(selectivity) : 공직곡선의 첨예도 및 공진시의 전압확대비를 나타낸다.
- **선형**(linear) **소자** : 전압과 전류 특성이 직선적으로 비례하는 소자로 $R$, $L$, $C$가 이에 해당된다.
- **순시값** : 교류의 임의의 시간에 있어서 전압 또는 전류의 값
- **시정수**(time constant) : 과도상태에 대한 변화의 속도를 나타내는 척도가 되는 정수
- **실효값** : 실제적인 열 효율값, 일반적으로 지칭하는 전압이나 전류값
  (**ex** 110[V], 220[V], 3[A], 10[A]
- **어드미턴스**(admittance) : 임피던스의 역수, $Y[\mho]$로 표시한다.
- **역률**(power factor) : 전압과 전류의 위상차의 코사인 (cos) 값
- **영상 임피던스**(image impedance) : 4단자망의 입·출력 단자에 임피던스를 접속하는 경우 좌우에서 본 임피던스 값이 거울의 영상과 같은 관계에 있는 임피던스
- **영상 전달정수**(image transfer constant) : 전력비의 제곱근에 자연대수를 취한 값으로 입력과 출력의 전력전달 효율을 나타내는 정수
- **왜형률**(distortion factor) : 전고조파의 실효값을 기본파의 실효값으로 나눈 값으로 파형의 일그러짐 정도를 나타낸다.
- **용량 리액턴스**(capacitive reactance) : 콘덴서의 충전작용에 의한 리액턴스
- **위상**(phase) : 주파수가 동일한 2개 이상의 교류가 동시에 존재할 때, 상호간의 시간적인 차이
- **위상정수**(phase constant) : 선로에서 단위 길이 당 위상의 변화정도를 나타내는 정수
- **위상차**(phase difference) : 2개 이상의 동일한 교류의 위상의 차
- **유도 리액턴스**(inducitive reactance) : 인덕턴스의 유도 작용에 의한 리액턴스
- **유효 전력**(active power) : 전원에서 부하로 실제 소비되는 전력

- **인덕턴스**(inductance) : 코일의 권수, 형태 및 철심의 재질 등에 의해 결정되는 상수, 단위는(henry)로 나타낸다.
- **임계상태**(critical state) : 전류가 시간에 따라 증가하다가 어느 시각에 최대값으로 되고 점차 감소하는 상태
- **임피던스 정합**(impedance matching) : 회로망의 접속점에서 좌우를 본 입력 임피던스와 출력 임피던스의 크기를 같게 하는 것
- **임피던스**(impedance) : 교류에서 전류가 흐를 때의 전류의 흐름을 방해하는 $R$, $L$, $C$의 벡터적인 합
- **자동제어**(automatic control) : 제어장치에 의해 자동적으로 행해지는 제어
- **전기량**(quantity of electricily) : 전하가 가지고 있는 전기의 량
- **전달함수**(transfer function) : 모든 초기값을 0으로 하였을 때 출력신호의 라플라스 변환과 입력 신호의 라플라스 변환의 비
- **전류의 3대 작용** : ① 발열 작용(열작용) ② 자기 작용 ③ 화학 작용
- **전류의 발열작용** : 전열기에 전류를 흘리면 열이 발생하는 현상
- **전리**(ionization) : 물에 녹아 양이온과 음이온으로 분리되는 현상, 황산구리($C_uSO_4$)
- **전위**(electric potential) : 임의의 점에서의 전압의 값
- **전파정수**(propagation constant) : 선로에서 전파되는 정도를 나타내는 정수
- **절연물** : 전기가 잘 통하지 않는 것
- **절연저항** : 절연물의 저항
- **정류회로**(commutation circuit) : 교류를 직류로 변환하는 회로
- **정상상태**(steady state) : 회로에서 전류가 일정한 값에 도달한 상태
- **정전류원**(constant current source) : 부하의 크기에 관계없이 출력전류의 크기가 일정한 전원
- **정전압원**(constant voltage source) : 부하의 크기에 관계없이 단자전압의 크기가 일정한 전원
- **정전용량**(electrostatic capacity) : 콘덴서가 전하를 축적할 수 있는 능력
- **정현파 교류** = 사인파 교류 (시간의 변화에 따라 크기와 방향이 주기적으로 변화하는 전압, 전류)
- **제어**(control) : 기계나 설비 등을 사용목적에 알맞도록 조절하는 것
- **주기**(period) : 1사이클의 변화에 요하는 시간
- **주파수** : 1초 동안 반복되는 사이클 수
- **직류**(direct current) : 시간의 변화에 따라 크기와 방향이 일정한 전압·전류
- **진동상태**(oscillatory state) : 전류가 시간에 따라 (+)값으로 증가하다가 어느 시각에 (−)값으로 감소하며 감쇄 진동 특성을 갖는 상태
- **최대값**(maximum value) : 교류의 순시값 중에서 가장 큰 값

. . . .
NOTE

- **콘덕턴스**(conductance) : 저항의 역수, 단위는 $[\mho]$, 기호로는 $G$로 나타낸다.
- **콘덴서**(condenser) : 2개의 도체 사이에 절연물을 넣어서 정전용량을 가지게 한 소자
- **특성임피던스**(characteristic impedance) : 선로에서 전압과 전류가 일정한 비
- **파고율**(crest factor) : 최대값을 실효값으로 나눈 값으로 파두(wave front) 의 날카로운 정도
- **파장**(wave length) : 1 주기에 대한 거리 간격
- **파형** : 전압, 전류 등이 시간의 흐름에 따라 변화하는 양
- **파형율**(form factor) : 실효값을 평균값으로 나눈 값으로 파의 기울기 정도
- **평균값** : 순시값의 반주기에 대하여 평균한 값
- **폐회로**(closed circuit) : 회로망 중에서 닫혀진 회로
- **푸리에 급수**(Fourier series) : 주기적인 비정현파를 해석하기 위한 급수
- **피상 전력**(apparent power) : 전원에서 공급되는 전력
- **허용전류**(allowable current) : 전선에 안전하게 흘릴 수 있는 최대 전류
- **화학당량**(chemicl equivalent) : 어떤 원소의 원자량을 원자가로 나눈 값

$$\left(화학당량 = \frac{원자량}{원자가}\right)$$

- **회로망**(network) : 복잡한 전기회로에서 회로가 구성하는 일정한 망
- **휘트스톤 브리지**(Wheatstone bridge) : $0.5 \sim 10^5[\Omega]$의 중저항 측정시 사용
- $W$(각속도) : 1초 동안 회전한 각도[rad/s]
- **4단자 정수**(four terminal constants) : 4단자망의 전기적인 성질을 나타내는 정수
- **4단자망**(four terminal network) : 입력과 출력에 각각 2개의 단자를 가진 회로
- **a 접점**(arbeit contact) : 평상시 열려 있는 접점으로, 일명 make 접점이라고도 부름
- **b 접점**(break contact) : 평상시 닫혀 있는 접점

▲ 26강

## (1) 대수공식

### ① 근의 공식

2차 방정식 $ax^2 + bx + c = 0$을 만족시키는 $x$에 대한 방정식의 해

$$x = \frac{-b \pm \sqrt{b^2 - 4ac}}{2a}$$

**cf** 방정식을 완전제곱식으로 바꾸어 풀 수 있다.

$$a(x^2 + \frac{b}{a}x + (\frac{b}{2a})^2) - (\frac{b^2}{4a}) + c = 0$$

$$(x + \frac{b}{2a})^2 = \frac{b^2 - 4ac}{4a^2} \qquad\qquad \therefore x = \frac{-b \pm \sqrt{b^2 - 4ac}}{2a}$$

---

### 📝 예제

양 끝에 각각 2[uC]과 1[uC]의 전하가 놓여있을 때, 전계의 세기가 0이 되는 지점을 구하시오.

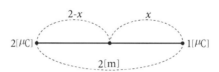

**Sol.** 두 전하의 부호가 같은 경우 전계의 세기가 0이 되는 지점은 두 전하 사이에 존재

$$\frac{2 \times 10^{-6}}{4\pi\epsilon_0(2-x)^2} = \frac{10^{-6}}{4\pi\epsilon_0 x^2} \quad (\text{단, } x > 0)$$

$$2x^2 = (2-x)^2$$

$$\sqrt{2}x = 2 - x$$

$$(\sqrt{2}+1)x = 2 \qquad \therefore x = \frac{2}{\sqrt{2}+1} \frac{(\sqrt{2}-1)}{(\sqrt{2}-1)} = 2(\sqrt{2}-1)[m]$$

---

### 📝 별해

$$2x^2 = (2-x)^2$$

$$x^2 + 4x - 4 = 0$$

$$\therefore x = -2 \pm 2\sqrt{2} = 2(-1 + \sqrt{2})[m]$$

## ⚓ 지수와 로그

② $\log_a a = 1$

　ex) $\log_{10} 10 = 1$

③ $\log_a xy = \log_a x + \log_a y \,(10^{(x+y)} = 10^x \cdot 10^y)$
　"로그의 덧셈은 곱셈과 같다."

④ $\log_a \dfrac{y}{x} = \log_a y - \log_a x \,(10^{(x-y)} = 10^x / 10^y)$

　"로그의 뺄셈은 나눗셈과 같다."

---

📋 예제

$E = 7x\,i - 7yi\,[\text{V/m}]$일 때, 점(5, 2)[m]를 통과하는 전기력선의 방정식은?

① $y = 10x$　　　　　　② $y = \dfrac{10}{x}$

③ $y = \dfrac{x}{10}$　　　　　　④ $y = 10x^2$

**Sol** 전기력선의 방정식 $\dfrac{dx}{E_x} = \dfrac{dy}{E_y}$

$\dfrac{dx}{7x} = \dfrac{dy}{-7y}$, $\dfrac{1}{x}dx = -\dfrac{1}{y}dy$ 　　　$xy = C$

양변을 적분하면 ($C = 5 \times 2 = 10$)

$\ln x = -\ln y + \ln c$　　　$\therefore xy = 10$

$\ln x + \ln y = \ln c$　　　$y = \dfrac{10}{x}$

$\ln xy = \ln c$

---

⑤ $\log_a x^n = n \log_a x$

ex $\log_{10} 100 = \log_{10} 10^2 = 2\log_{10} 10 = 2$

. . . .
NOTE

⑥ 지수와 로그와의 관계

"지수형태는 로그로, | 로그형태는 지수로"
(지수 → 로그) | (로그 → 지수)

$x = a^y \Rightarrow$ 양변에 로그 | $\log_a x = y$

$\log_a x = \log_a a^y$

$\therefore \log_a x = y$ | $\therefore x = a^y$

---

### 예제

다음 그림과 같이 24[V]의 전원과 R과 L 직렬로 된 릴레이 (R=1200[$\Omega$], L[H]), 스위치로 구성된 회로가 있다. 스위치를 닫고 t초 후의 전류가 다음과 같을 때 ($t = 0.015(\text{s})$, $i(t) = 10(\text{mA})$) 릴레이의 인덕턴스를 구하시오. $L(\text{H}) = ?$

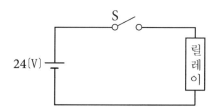

**Sol** $R-L$ 직렬시 과도현상

$$i(t) = \frac{E}{R}\left(1 - e^{-\frac{R}{L}t}\right)$$

$$10 \times 10^{-3} = \frac{24}{1200}\left(1 - e^{-\frac{1200}{L} \times 0.015}\right)$$

$$\frac{1200 \times 10 \times 10^{-3}}{24} = 1 - e^{-\frac{18}{L}}$$

$$\frac{1}{2} = 1 - e^{-\frac{18}{L}}$$

$$e^{-\frac{18}{L}} = \frac{1}{2} = 2^{-1}$$

(양변에 자연로그)

$$\log_e e^{-\frac{18}{L}} = \log_e 2^{-1}$$

$$-\frac{18}{L} = -\log_e 2$$

$$\therefore L = \frac{18}{\log_e 2}$$

$$= 26(\text{H})$$

⑦ $e = 1 + \dfrac{1}{1!} + \dfrac{1}{2!} + \cdots\cdots + \dfrac{1}{n!}$      **cf** $3! = 3 \times 2 \times 1 = 6$

$\qquad = 2.71828 \cdots$

⑧ $e^{-at} = \dfrac{1}{e^{at}}$      $t \to \infty$  :  $\dfrac{1}{e^{\infty}} = \dfrac{1}{\infty} = 0$

$\qquad\qquad\qquad\qquad t \to 0$  :  $\dfrac{1}{e^{0}} = \dfrac{1}{1} = 1$

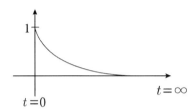

⑨ 지수함수의 곱셈과 나눗셈

  ① $a^n \times a^m = a^{n+m}$

  ② $a^n \div a^m = a^{n-m}$

  ③ $(a^n)^m = a^{n \cdot m}$

  **cf** 1) $10^5 \times 10^2 = 10^{5+2} = 10^7$

  **cf** 2) $10^5 \div 10^2 = 10^{5-2} = 10^3$

  **cf** 3) $(10^5)^2 = 10^{5 \times 2} = 10^{10}$

## (2) 삼각함수

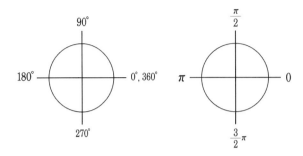

▲ 27강

① $\sin^2 + \cos^2 A = 1$

② $\sin(A \pm B) = \sin A \cos B \pm \cos A \sin B$(복호동순)

③ $\cos(A \pm B) = \cos A \cos B \mp \sin A \sin B$(복호역순)

---

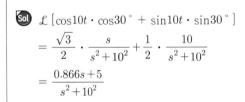 예제

$\mathcal{L}\left[\cos(10t - 30°)u(t)\right]$ 을 구하시오.

**Sol.** $\mathcal{L}\left[\cos 10t \cdot \cos 30° + \sin 10t \cdot \sin 30°\right]$

$= \dfrac{\sqrt{3}}{2} \cdot \dfrac{s}{s^2 + 10^2} + \dfrac{1}{2} \cdot \dfrac{10}{s^2 + 10^2}$

$= \dfrac{0.866s + 5}{s^2 + 10^2}$

**Tip** 라플라스 변환(제어공학 참조)

    – 시간 $t$에 대한 함수를 주파수 영역 s에 대한 식으로 변환

**ex** $\mathcal{L}\left[\cos(\omega t)\right] = \dfrac{s}{s^2 + \omega^2}$

      $\mathcal{L}\left[\sin(\omega t)\right] = \dfrac{\omega}{s^2 + \omega^2}$

④ $\sin^2 A = \dfrac{1 - \cos 2A}{2}$

**Tip** $\cos(A + A) = \cos A \cos A - \sin A \cdot \sin A$

$$= \cos^2 A - \sin^2 A = 1 - 2\sin^2 A$$

$$\therefore 2\sin^2 A = 1 - \cos 2A$$

⑤ $\cos^2 A = \dfrac{1 + \cos 2A}{2}$

**ex** $\mathcal{L}\left[\sin^2 t\right]$

$$= \mathcal{L}\left[\dfrac{1 - \cos 2t}{2}\right]$$

$$= \dfrac{1}{2}\left(\dfrac{1}{s} - \dfrac{s}{s^2 + 2^2}\right)$$

$$= \dfrac{1}{2s} - \dfrac{s}{2(s^2 + 4)}$$

⑥ $\tan A = \dfrac{\sin A}{\cos A}$

cf)

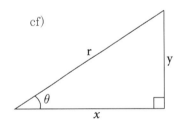

$\tan\theta = \dfrac{y}{x}$

$$= \dfrac{\dfrac{y}{r}}{\dfrac{x}{r}} = \dfrac{\sin\theta}{\cos\theta}$$

(기초 정리)

- $\sin\theta = \dfrac{B}{A}$

- $\cos\theta = \dfrac{C}{A}$

- $\tan\theta = \dfrac{B}{C}$

- $A = \sqrt{B^2 + C^2}$

$\theta = \dfrac{1}{\tan} \cdot \dfrac{B}{C} = \tan^{-1}\dfrac{B}{C}$

**cf** $\dfrac{1}{2} = 2^{-1}$, $\dfrac{1}{x} = x^{-1}$, $\dfrac{1}{10} = 10^{-1}$

- 특수각의 도수법 환산(호도법 $\times \dfrac{180}{\pi}$ =도수법)

$$2\pi = 360° \qquad \pi = 180° \qquad \frac{3}{2}\pi = 270°$$

$$\frac{\pi}{2} = 90° \qquad \frac{\pi}{3} = 60°$$

$$\frac{\pi}{4} = 45° \qquad \frac{\pi}{6} = 30°$$

- 특수각의 삼각함수값

|  | 0° | 30° | 45° | 60° | 90° |
|---|---|---|---|---|---|
| sin | $\dfrac{\sqrt{0}}{2}=0$ | $\dfrac{\sqrt{1}}{2}=\dfrac{1}{2}$ | $\dfrac{\sqrt{2}}{2}=\dfrac{1}{\sqrt{2}}$ | $\dfrac{\sqrt{3}}{2}$ | $\dfrac{\sqrt{4}}{2}=1$ |
| cos | $\dfrac{\sqrt{4}}{2}=1$ | $\dfrac{\sqrt{3}}{2}$ | $\dfrac{\sqrt{2}}{2}=\dfrac{1}{\sqrt{2}}$ | $\dfrac{\sqrt{1}}{2}=\dfrac{1}{2}$ | $\dfrac{\sqrt{0}}{2}=0$ |
| tan | $\dfrac{0}{3}=0$ | $\dfrac{\sqrt{3}}{3}=\dfrac{1}{\sqrt{3}}$ | $\dfrac{\sqrt{3}\cdot\sqrt{3}}{3}=1$ | $\dfrac{\sqrt{3}\cdot\sqrt{3}\cdot\sqrt{3}}{3}=\sqrt{3}$ | $\infty$ |

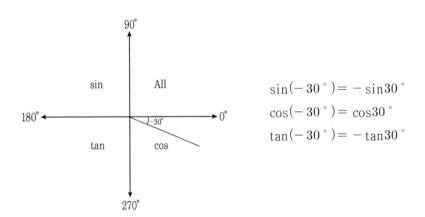

$$\sin(-30°) = -\sin 30°$$
$$\cos(-30°) = \cos 30°$$
$$\tan(-30°) = -\tan 30°$$

## (3) 미분공식 : 미소변동량을 구함(함수 f(x)의 기울기)

▲28강

⬢ 다항함수의 미분

① $y = x^m$

$$\frac{dy}{dx} = y' = m \cdot x^{m-1}$$

ex) $y = x^3$

sol) $y' = 3 \cdot x^{3-1} = 3x^2$

⬢ 삼각함수의 미분

② $y = \sin x$

$y' = \cos x$

③ $y = \cos x$

$y' = -\sin x$

⬢ 합성함수의 미분

④ $y = \sin ax$ (변수 $x$ 앞에 상수가 있는 경우)

$y' = (ax)' \cos ax$

$\quad = a \cos ax$

⑤ $y = \cos ax$

$y' = -(ax)' \sin ax$

$\quad = -a \sin ax$

**Tip** 합성함수 $y = f(g(x))$에 대하여

$y' = g'(x) \cdot f'(g(x))$

📋 **예제**

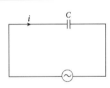

위의 회로에서 $v = V_m \sin \omega t$[V]일 때 $C$에 흐르는 전류 $i$는?

**Sol** $i = C \cdot \dfrac{dv}{dt} = C \cdot \dfrac{d}{dt}(V_m \sin \omega t)$

$\quad = C V_m \dfrac{d}{dt} \sin \omega t$

$\quad = (\omega t)' C V_m \cos \omega t$

$\quad = \omega C V_m \sin(\omega t + 90°)$

∴ $C$만의 회로에서는 전류가 전압보다 위상이 90° 앞선다.

## ⚒ 지수함수의 미분

⑥ $y = e^x$

$y' = (x^1)' e^x$ (e를 밑으로 하는 지수함수의 미분은 변화없음)

$\quad = e^x \cdot 1 = e^x$

⑦ $y = e^{ax}$

$y' = (ax)' e^{ax}$

$\therefore y' = a \cdot e^{ax}$

### 예제

$L = 2$[H]이고, $i = 20e^{-2t}$[A]일 때 $L$의 단자 전압은?

**Sol** $v = L\dfrac{di}{dt} = 2 \times 20 \dfrac{d}{dt} e^{-2t}$

$\quad = (-2t)' \times 20 \times 2 \times e^{-2t}$

$\quad = -2 \times 20 \times 2 \times e^{-2t}$

$\quad = -80e^{-2t}$[V]

⑧ $y = (a+bx)^m$

$y' = m(a+bx)^{m-1} \cdot (bx)'$

$\quad = m(a+bx)^{m-1} \cdot b$

## ⚒ 로그함수의 미분

⑨ $y = \log_e x$

$y' = \dfrac{1}{x}$

**ex** $y = \dfrac{1}{x} = x^{-1}$

$y' = -1 \cdot x^{-1-1}$

$\quad = -1 \cdot x^{-2}$

$\quad = -\dfrac{1}{x^2}$

**Tip** $\log_e x$의 경우 $\ln x$라고도 표기한다.

⑩ $y = \tan x = \dfrac{\sin x}{\cos x}$

$y' = \dfrac{\sin x' \cdot \cos x - \sin x \cdot \cos x'}{\cos^2 x}$

$\quad = \dfrac{\cos^2 x + \sin^2 x}{\cos^2 x}$

$\quad = \dfrac{1}{\cos^2 x} = \sec^2 x$

### 예제

$y = \dfrac{1}{x}$ 을 미분하면

$y' = \dfrac{1' \cdot x - 1 \cdot x'}{x^2}$

$\quad = \dfrac{0 - 1}{x^2} = -\dfrac{1}{x^2}$

### 별해

$\dfrac{1}{x} = x^{-1}$ 이므로

①을 이용하면

$y' = -1 \cdot x^{-2} = -\dfrac{1}{x^2}$

## (4) 적분공식

▲ 29강

⁂ 다항함수의 적분

① $\displaystyle\int x^n dx = \frac{x^{n+1}}{n+1}$ (적분상수 제외)

**ex** $y = 3x^2$을 적분

**Sol** $\displaystyle\int 3x^2 dx = \frac{3}{2+1}x^{2+1} = x^3$

② $\displaystyle\int \sin x dx$

$= -\cos x$

③ $\displaystyle\int \cos x dx$

$= +\sin x$

⁂ 합성함수의 적분

④ $\displaystyle\int \sin ax dx$ (변수 $x$앞에 상수가 있는 경우)

$= -\dfrac{1}{(ax)'}\cos ax = -\dfrac{1}{a}\cos ax$

📝 **예제**

다음 그림에서 $v = V_m \sin\omega t [\text{V}]$일 때 $L$에 흐르는 전류 $i$는?

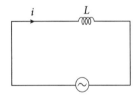

**Sol** $i = \dfrac{1}{L}\displaystyle\int (V_m \sin\omega t)dt$

$= \dfrac{V_m}{L}\displaystyle\int \sin\omega t\, dt$

$= -\dfrac{V_m}{(\omega t)'L}\cos\omega t = -\dfrac{V_m}{\omega L}\cos\omega t$

$= -\dfrac{V_m}{\omega L}\sin(\omega t + 90°)$

$= \dfrac{V_m}{\omega L}\sin(\omega t - 90°)$

∴ $L$만의 회로에서는 전류가 전압보다 위상이 $90°$ 뒤진다.

⑤ $\displaystyle\int \cos ax\,dx$

$$= \frac{1}{(ax)'} \cdot \sin ax$$

$$= \frac{1}{a}\sin ax$$

## ⬙ 지수함수의 적분

⑥ $\displaystyle\int e^x dx$

$$= \frac{e^x}{(x)'} = \frac{e^x}{1} = e^x$$

⑦ $\displaystyle\int e^{ax} dx$

$$= \frac{1}{(ax)'} \cdot e^{ax}$$

$$= \frac{1}{a}e^{ax}$$

⑧ $\displaystyle\int (a+bx)^n dx$

$$= \frac{1}{n+1}(a+bx)^{n+1} \cdot \frac{1}{(bx)'}$$

$$= \frac{(a+bx)^{n+1}}{(n+1)b}$$

⑨ $\displaystyle\int \frac{1}{x}dx = \log_e x$

**Tip** 검산법

적분은 미분의 반대 개념이기 때문에 적분해 얻은 값을 미분하면 원래의 함수가 된다.

즉, $\left(\displaystyle\int f(x)'dx\right) = f(x)$ 가 된다.

⑩ $\int u\dfrac{dv}{dx}dx = uv - \int \dfrac{du}{dx}v\,dx$

(부분적분법)

**Tip** $(uv)' = u'v + uv'$ 이용

$uv' = (uv)' - u'v$

$\therefore \int uv' = uv - \int u'v$

**ex** $\mathcal{L}\,[f(t)] = \displaystyle\int_0^\infty f(t)\cdot e^{-st}dt$

$\mathcal{L}\,[t] = \displaystyle\int_0^\infty t\cdot e^{-st}dt$

$= \left[t\cdot\left(-\dfrac{1}{s}e^{-st}\right)\right]_0^\infty - \displaystyle\int_0^\infty 1\cdot\left(-\dfrac{1}{s}e^{-st}\right)dt$

$= -\dfrac{1}{s}\left[\dfrac{t}{e^{st}}\right]_0^\infty - \displaystyle\int_0^\infty 1\cdot\left(-\dfrac{1}{s}e^{-st}\right)dt$

$= 0 - \left(-\dfrac{1}{s}\right)\displaystyle\int e^{-st}dt$

$= -\dfrac{1}{s^2}\left[\dfrac{1}{e^{st}}\right]_0^\infty$

$= -\dfrac{1}{s^2}\left[0-\dfrac{1}{1}\right]$

$= \dfrac{1}{s^2}$

$\therefore \mathcal{L}\,[t^n] = \dfrac{n!}{s^{n+1}}$

$\mathcal{L}\,[t] = \dfrac{1}{s^2}$

# Chapter 14

## 공학용 계산기 활용법

# 전자계산기

카시오 fx-570ES PLUS

▲ 30강

**01** 임피던스 $Z = 15 + j4[\Omega]$의 회로에 $I = 10(2 + j)[A]$를 흘리는데 필요한 전압[V]를 구하면?

① $10(26 + j23)$　　② $10(34 + j23)$　　③ $10(30 + j4)$　　④ $10(15 + j8)$

해설 $V = ZI = (15 + j4) \times 10(2 + j) = 10(26 + j23)[V]$

**02** $Z_1 = 2 + j11[\Omega]$, $Z_2 = 4 - j3[\Omega]$의 직렬회로에 교류 전압 100[V]를 인가할 때 회로에 흐르는 전류 [A]는?

① 10　　　　② 8　　　　③ 6　　　　④ 4

해설 $I = \dfrac{V}{Z} = \dfrac{V}{Z_1 + Z_2} = \dfrac{100}{2 + j11 + 4 - j3} = 10\angle -53.1°\,[A]$

**03** $Z_1 = 3 + j10[\Omega]$, $Z_2 = 3 - j2[\Omega]$의 임피던스를 직렬로 하고 양단에 100[V]의 전압을 가했을 때 각 임피던스 양단의 전압은?

① $V_1 = 98 + j36, V_2 = 2 - j36$　　　② $V_1 = 98 - j36, V_2 = 2 + j36$
③ $V_1 = 98 + j36, V_2 = 2 - j36$　　　④ $V_1 = 98 - j36, V_2 = 2 - j36$

해설 $I = \dfrac{Z}{Z_1 + Z_2} = \dfrac{100}{3 + j10 + 3 - j2} = 6 - j8[A]$

$\therefore V_1 = Z_1 I = (3 + j10)(6 - j8) = 98 + j36[V]$

$V_2 = Z_2 I = (3 - j2)(6 - j8) = 2 - j36[V]$

**04** 그림과 같은 브리지 회로가 평형하기 위한 Z의 값은?

① $2 + j4$
② $-2 + j4$
③ $4 + j2$
④ $4 - j2$

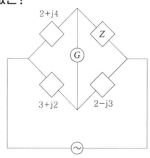

해설 $Z \times (3 + j2) = (2 + j4) \times (2 - j3)$

$Z = \dfrac{(2 + j4) \times (2 - j3)}{3 + j2} = 4 - j2$

정답 | 01 ①　02 ①　03 ③　04 ④

. . . .
NOTE

**05** 어떤 회로에 $E = 100 + j50$[V]인 전압을 가했더니 $I = 3 + j4$[A]인 전류가 흘렀다. 회로의 소비전력[W]은?

① 300        ② 500        ③ 700        ④ 900

> **해설** 복소전력 $Pa = \overline{V} \cdot I = P + jPr$
> $$V = E = 100 + j50$$
> $$I = 3 + j4$$
> $$Pa = \overline{V} \cdot I = (100 - j50) \times (3 + j4)$$
> $$= 500 + j250$$

**06** 부하에 $100 \angle 30°$[V]의 전압을 가했을 때 $10 \angle 60°$[A]의 전류가 흘렀다. 부하에 소비되는 유효전력[W], 무효전력[Var]은 각각 얼마인가?

① $P = 500, Q = 866$        ② $P = 866, Q = 500$

③ $P = 680, Q = 400$        ④ $P = 400, Q = 680$

> **해설** $P = VI \cos\theta = 100 \times 10 \times \cos 30° = 866$
> $Pr = VI \sin\theta = 100 \times 10 \times \sin 30° = 500$
>
> > 📑 **별해**
> > $$Pa = \overline{V} \cdot I = (100 \angle -30) \times (10 \angle 60) = 866 + j500$$

**07** 어떤 회로에 $V = 100 \angle \dfrac{\pi}{3}$[V]의 전압을 가하니 $I = 10\sqrt{3} + j10$[A]의 전류가 흘렀다. 회로의 무효전략[Var]은?

① 0        ② 1000        ③ 1732        ④ 2000

> **해설** $V = 100 \angle \dfrac{\pi}{3} = 100 \angle 60$
> $$I = 10\sqrt{3} + j10$$
> $$Pa = \overline{V} \cdot I = (100 \angle -60) \times (10\sqrt{3} + j10)$$
> $$= 1732 - j1000$$

**정답** 05 ②   06 ②   07 ②

**08** 그림과 같은 회로에서 $I_1 = 2e^{-j\frac{\pi}{3}}$ [A], $I_2 = 5e^{j\frac{\pi}{3}}$ [A], $I_3 = 1$[A]이다. 이 단상 회로의 평균전력[W] 및 무효전력[Var]은?

① 10, $-9.75$

② 20, 19.5

③ 20, $-19.5$

④ 45, 26

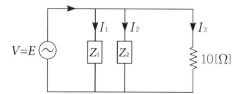

**해설** $I_1 = 2\angle -\dfrac{\pi}{3}$    $I_2 = 5\angle \dfrac{\pi}{3}$    $I_3 = 1$

$V = E = Z_1 I_1 = Z_2 I_2 = R_3 I_3 = 10 \times 1 = 10 [V]$

$I = I_1 + I_2 + I_3 = 2\angle -60 + 5\angle 60 + 1 = 4.5 + j2.6$

$Pa = \overline{V} \cdot I = 10 \times (4.5 + j2.6) = 45 + j26$

정답 **08** ④

합격까지 박문각

## 초보전기 Ⅱ

### 왕초보자를 위한 기초이론

**제1판3쇄 인쇄** 2024. 5. 16. | **제1판3쇄 발행** 2024. 5. 20. | **편저자** 정용걸

**발행인** 박 용 | **발행처** (주)박문각출판 | **등록** 2015년 4월 29일 제2015-000104호

**주소** 06654 서울시 서초구 효령로 283 서경 B/D 4층 | **팩스** (02)584-2927

**전화** 교재 문의 (02)6466-7202

정가 15,000원
ISBN 979-11-6704-210-1

MEMO